密林寻踪

野生动物观察笔记

朴正吉

人民邮电出版社
北京

图书在版编目（C I P）数据

密林寻踪 ：野生动物观察笔记 / 朴正吉著. -- 北京 ：人民邮电出版社，2021.10
ISBN 978-7-115-54478-0

Ⅰ. ①密… Ⅱ. ①朴… Ⅲ. ①长白山－自然保护区－野生动物－介绍 Ⅳ. ①Q958.523.4

中国版本图书馆CIP数据核字(2020)第126026号

◆ 著　　　　朴正吉
责任编辑　李媛媛
责任印制　陈　犇

◆ 人民邮电出版社出版发行　　北京市丰台区成寿寺路 11 号
邮编　100164　　电子邮件　315@ptpress.com.cn
网址　https://www.ptpress.com.cn
北京宝隆世纪印刷有限公司印刷

◆ 开本：690×970　1/16
印张：17　　　　　　2021 年 10 月第 1 版
字数：207 千字　　　2021 年 10 月北京第 1 次印刷

定价：109.90 元

读者服务热线：(010) 81055410　印装质量热线：(010) 81055316
反盗版热线：(010) 81055315
广告经营许可证：京东市监广登字 20170147 号

内容提要

长白山国家自然保护区内有着丰富的野生动物，其中国家Ⅰ级保护动物有10种，国家Ⅱ级保护动物有48种。本书作者曾任长白山科学研究院动物研究所所长，致力于野生动物生态学和保护学的研究。他长期在野外进行动物观察，积累了丰富的关于森林野生动物生态、行为及保护的第一手文字和图片资料，尤其是痕迹的照片及判读，记录了充满野性魅力的野生动物的真实生活，展现了野生动物的天性和生存本领。全书共4章，分别介绍了肉食性动物、草食性动物、杂食性动物及野生动物的家园——温带森林，最后还介绍了作者观察野生动物的方法和野外观察中的奇遇。书中也谈及了近50年来野生动物及其所处生态环境的改变，并对生态伦理问题进行了探讨。

本书适合青少年及喜爱动物的读者阅读。

前 言
PREFACE

人类渴望了解周围的世界，向往置身于原始森林之中，与充满野性魅力的野生动物亲密接触。我一直着迷于和向往着探索自然王国，去解读自然的奥秘。我很幸运，有充足的时间走进大森林，接触大自然，观察野生动物。在这里，我喜欢上了野生动物，对大自然中发生的点点滴滴产生了浓厚的兴趣，全身心投入到探索野生动物的神秘世界中。

几十年来，我与野生动物打交道，了解了它们的天性和卓越的生存本领，深切感受到动物世界的神秘。人们对野生动物的关注和喜爱与日俱增，尤其是青少年渴望了解更多有关动物生活习性的故事，我深感需要把几十年来在野外观察到的动物故事整理出版，奉献给广大读者，希望能与大家共享大自然的精彩，一起探索动物生存的奥秘。

本书分 4 章，包括肉食性动物、草食性动物、杂食性动物和温带森林。本书的结尾介绍了我几十年来如何观察野生动物和一些在野外观察时的危险和奇遇。本书使用了大量野外自然状态下的生态照片、用红外相机拍摄的照片并加了一些手绘图。这些来自野外自然状态下的图片展示了野生动物充满野性的真实生活。照片注重把那些有故事的动物充分表现出来，令读者可以直观地理解文中所描述的内容。其中有许多野生动物活动痕迹的照片，这也能满足那些野外识别动物种类爱好者的需求。

在这本书中，你将会看到以森林动物的生态、行为及保护为主题的描述。本书用很多篇幅记述了长白山哺乳动物的过去，反映了近 50 年来野生动物的变化和生态环境改变的概况。

对野生动物生活习性的描述，大部分来自足迹跟踪和痕迹判读。我一直认为，野外采集痕迹信息很重要，痕迹中隐藏的故事极富多样性，可以丰富人们的想象力，帮助人们理解野生动物留下的痕迹的生态含义。

本书描绘了长白山森林中一些哺乳动物的生存故事，在生态习性、行为等方面有新的补充和看法。书中还涉及一些生态理论问题，包括保护行为、适应性、濒危机制以及环境保护等内容。虽然涉及很多动物，但还不能展现长白山野生动物的全貌。希望本书所提供的动物素材会有助于读者开阔思路。

衷心感谢长期陪伴我共同从事野外调查工作的同事，感谢所有支持我、激励我、帮助我的人。尽管我竭尽全力，但书中仍难免有疏漏之处，敬请读者朋友批评和指正，也希望你们能喜欢这本书。

目 录

CONTENTS

01

肉食性动物

02

草食性动物

03

杂食性动物

04

温带森林—野生动物的家园

寻找野生动物踪迹的岁月（跋）

01 肉食性动物

鼬科之狼——黄喉貂

黄喉貂的探蜜本领

在长白山森林中，分布最广的食肉兽大概要数黄喉貂了。黄喉貂因前胸部具有明显的黄橙色喉斑而得名。还因其喜食野蜂蜜，人们给它起了一个别称“蜜狗子”。黄喉貂体形较其他鼬科动物大，最大有家猫大小。黄喉貂喜欢或者说适应了有人类活动的地方，放弃了隐蔽的习性，已经能栖身于开阔的原野上。

我对黄喉貂的了解，一部分是从当地猎人和采蜜人那里听来的。据当地采野蜂蜜的人讲述，蜜狗子非常喜爱蜂蜜，它们能够通过灵敏的嗅觉找到蜂巢，并在蜂巢处转来转去，寻找下手的地方。它们一般从树干底部腐烂的木质部着手，用尖嘴巴和长长的前爪挖掘出小洞口，进入蜂窝里食蜂蜜；也攀爬到树枝上，取食细枝上或小乔木上挂着的蜂巢内的蜜。如果找到蜂蜜多的巢，便足够它们享受数日。它们也经常换口味，捕食其他小动物，隔几天再光顾蜂巢解馋，这样便在蜂巢附近留下了密集的足迹。人们在森林里谋取利益的过程中了解了这个秘密，便按图索骥，去寻找野蜂窝。

▼ 图 1　黄喉貂（*Martes flavigula*）属于食肉目鼬科动物，体长 60 cm 左右，尾长 45 cm 左右，为国家二级保护动物

◀ 图2　黄喉貂常活动在岩石堆中。姜权摄

◀ 图3　这是黄喉貂从树洞中寻找到的野蜂巢，野蜂巢掉落在了地面上

冬天下雪后是跟踪动物的最佳时间，人们利用蜜狗子对蜜味的敏感性，追寻它的足迹，总会找到野蜂窝。但是，并不是人人都能顺利地发现蜂窝。只有那些有经验的人，可通过足迹来识别和领会蜜狗子行为痕迹传递的信息。野蜂巢的类型有地洞巢、树洞巢和裸露巢等。通常地洞巢和岩壁上或树枝上的蜂巢里的蜜几乎都被熊类和其他动物所食掉，而树洞内的蜂巢里的蜜一般不易被动物食掉。所以，跟踪黄喉貂找到的蜂巢几乎都是树洞里的蜂巢。

大多数树洞内的蜂巢里的蜜，动物是无法获得的。身体纤细的黄喉貂依靠体形小的优势，可钻进洞穴中觅食鸟蛋、松鼠、小飞鼠、紫貂幼体等，但对大多数树洞蜂巢也是没有办法的，只有人可以借助工具采集到蜂蜜。一般找到蜂窝的确切位置后，采蜜人用锯锯开大口，或伐倒树木，取出整个蜂巢。

长白山森林里野生蜂资源很丰富，约有 30 余种。其中有些种类的蜂很少采蜜存储，有些借助其他蜂的劳动获得蜂蜜。长白山产蜜较多的野蜂是较家蜂稍大些的野生中华蜜蜂，这些野蜂多在地下土洞里、树洞里、树干上营巢产蜜。在地下营巢和在树枝上营巢的蜂仅存储足够它们用一个冬天的量，而在树洞中营巢的蜂蜜产量高，多数在红松树干空心处。

大径级的红松树干下部容易空腐，死亡后成为枯立的“站干”。许多昆虫在枯立木上蛀眼，钻进树干内繁殖或越冬。野蜂是利用这些树干上被昆虫蛀出的洞眼进入树空心处的。大家族蜂群的蜂巢中能产 10 多千克蜜，这一家族靠这些储存的蜜度过漫长的无花期。然而这些甜蜜的液体也是许多森林动物感兴趣的。

黄喉貂捕猎的智慧

除了具有寻找蜜的本领外，黄喉貂还能够用集体的智慧捕杀体形比它们大得多的动物。它们这种出色的本领，从猎人

◀ 图 4　黄喉貂 3~4 只成小群活动，它们喜欢在树上过夜，常出没在河边或林间小道上

口中或文献中都可了解到。成对的或 3 ~ 4 只黄喉貂合伙伏击成年狍子，或野猪幼体、马鹿幼体，它们还能够借助长长的尾巴在树冠层中从一棵树上跳跃到另一棵树上，非常迅速而灵巧。

黄喉貂多半是雄性领导外出猎食，出行时前后跟随，或分散移动，相互保持一定距离。猎捕有蹄类动物时，它们先在树上或地上埋伏，等待猎物靠近。当猎物移动到有效距离以内时，黄喉貂猛地跳到猎物身上，死死咬住对方颈部。被咬的猎物拼命奔跑，有时可以甩掉身上的捕食者，但一般是不容易的，伤口不断地流血，直至筋疲力尽而倒下。

这么小的动物能有这么大的本事吗？我一直希望能目睹黄喉貂捕杀动物的场景。在森林里观察动物的时候，我经常跟踪它们的足迹，走上一段距离，看看它们做了什么，期待能见到希望见到的场景。

在雪地上跟踪足迹是一件非常吃力的事情，如果地面上覆盖的雪很深的话，更是体力活儿了。然而跟踪动物足迹是了解动物的很好的办法，一路上可以判读出许多信息，如它们移动的速度、步距变化及其是在觅食还是在休息等。几年来，我遇见了很难遇见的事情，也验证了民间关于黄喉貂能捕杀很大的动物的传说。

有一次，是雪后的第二天，森林里覆盖了一层新雪，足迹非常清楚，很容易分辨。我跟随两只黄喉貂的足迹走了很久，

▲ 图 5　成对或多只活动时，后面的个体一般踩着前面领头的个体的足印移动。这是两只黄喉貂留下的足迹。黄喉貂足印大小为 4 cm × 7 cm 左右，步距为 50~90 cm，通常可见爪印和掌垫印

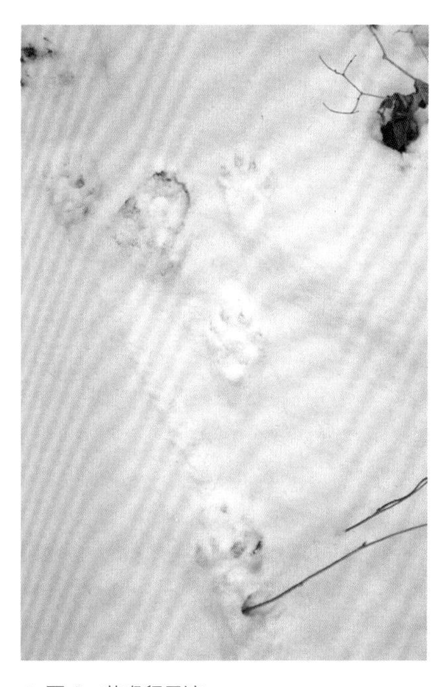

▲ 图 6　黄喉貂足迹

▶ 图 7　黄喉貂追捕猎物的时候常以跳跃姿态扑向猎物，一步能够跳跃两米左右

来到开阔的水滩边上，一只的足迹就不见了。接着另一只的足迹也消失了。这里只有一只狍子的足迹，是刚留下的，水滩冰面上留下了打滑的痕迹，能看出当时狍子前腿劈开，分明是半蹲状态。我猜想也许正好在这个瞬间，黄喉貂跳到狍子身上了。

奇怪的是从黄喉貂足迹消失的地方开始，狍子是奔跑的状态。我跟着狍子足迹走了一段路程，发现雪被上开始有了滴落的血点，血量很少。这分明是黄喉貂骑到狍子背上，咬住了狍子的颈部或什么位置。狍子一直在奔跑，血一直在流，血点也越来越密了。

狍子在奔跑过程中趟过了一条没有完全封冻的河，进入了沼泽地。那里干枯的草被繁多，覆盖了地面，雪也不多，看不清动物的足迹了。我只好放弃了跟踪，虽然没有看到最后的结果，但这只狍子一定死在了黄喉貂的手里。

这次黄喉貂捕猎狍子的地方附近没有大树，它们不是从树上跳到猎物身上的，而是从地面上跳上去的。我在森林里也见到过几次黄喉貂躲在树上，当狍子靠近时，从树上跳到狍子身上的情景。我们观察狍子足迹时，发现有时狍子突然惊跑，能跳出两三米远。有时在奔跑过程中，狍子会把身上的黄喉貂摔下来，但不一定每次都能成功。

有一次在做冬季动物数量调查时，我们来到大羊岔东侧的头岔河附近，远处杂木林大树上有两个大嘴乌鸦在叫。每当听到乌鸦的叫声，我的第一反应是这里附近可能有什么动物的尸体。我们朝乌鸦叫的方向走过去，见到了一只死去的狍子，已经冻僵了。经检查发现，脖子上有动物咬痕，伤口不大。附近全是黄喉貂踩踏的足迹，还有黄鼬的足迹。它们从狍子的肛门开口，吃了大部分的内脏，还吃了一些大腿和肚皮上的肉。这只狍子个头很大，是雌性。从现场痕迹推测，这只狍子是被咬死的，这么大的狍子可能是几只黄喉貂协同捕获的。也许这头狍子是由于有病，体弱无力，反抗能力下降而被捕杀的。

在自然界，如果你留意的话，在黄喉貂走过的地方，到处都会发现它们捕杀猎物的故事。有时黄喉貂会集体追赶一只很小的松鼠。而跟踪黄喉貂足迹的过程是很有意思的。黄喉貂追赶松鼠，松鼠有时没有机会爬上树，只好钻进倒木堆积的地方，然后沿斜着的树爬上去，从这棵树上跳到另一棵树上。这时，会有一个黄喉貂跟着松鼠爬上树，其他的则在下边包围，最后把松鼠逼到绝路上。

▲ 图 8　黄喉貂在梳理体毛

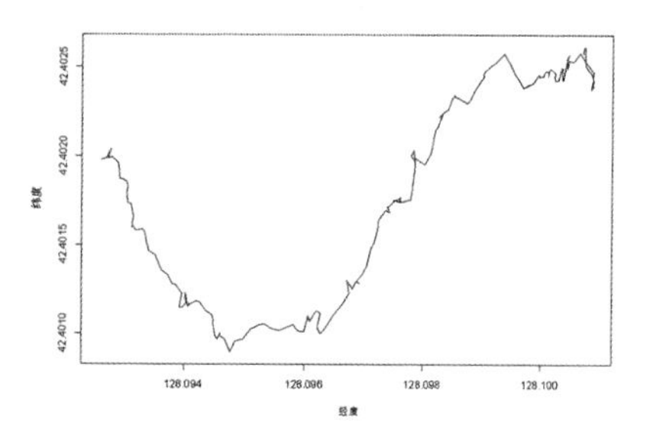

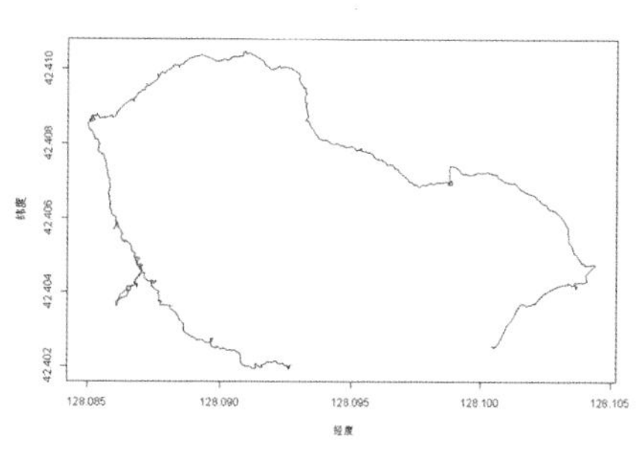

▲ 图 9　这是通过手持 GPS 定位仪跟踪形成的黄喉貂日活动轨迹

▶ 图 10　在倒木上寻找食物的黄喉貂

▶ 图 11　黄喉貂捕杀了在树洞中休息的长尾林鸮，在地面上吃掉了猎物。黄喉貂捕食现场很少留下猎物的骨头

黄喉貂的活动轨迹

近年来，我手拿 GPS 定位仪，全程跟踪黄喉貂足迹链，发现它们的活动轨迹并不复杂，很少拐弯抹角，一般沿着林间小道或河上下活动，活动距离较长。一般在长距离的移动中，很少见到黄喉貂捕食的痕迹，它们经常走一走就在倒木上留下尿迹或粪便，时而爬到树上休息。

经过几次跟踪发现，它们总是在不断移动，碰到可捕猎的猎物时，才开始行动。这时，足迹链就很乱了。在林中经常能看到它们捕食的猎物是松鼠、松鸦、花尾榛鸡，还有长

◀图 12　黄喉貂粪便

◀图 13　秋季浆果类成熟的时候，黄喉貂喜欢吃含糖分的果实。这是黄喉貂吃了软枣猕猴桃后排出的含有种子的粪便

尾林鸮和雕鸮等。吃剩留下的是松鼠的尾巴、鸟的羽毛，很少留下骨头。有的在树上吃掉，有些在地上吃掉。

黄喉貂基本有它们习惯走的路线，活动范围很大。在熟悉的地方，每隔几天走一次。它们不只是在森林里穿梭，也喜欢到人类活动的地方，常出现在垃圾场，也经常到墓地吃一些水果等祭品。

黄喉貂通常以家族形式聚居，每个家族包括雌雄成年个体及幼小个体。每个家族猎食范围的大小不相同，有的方圆 10 千米，也有的达 20 千米。它们主要是在夜间或清晨活动，有时候独自狩猎，但更多的时候是成对或 3 ~ 4 只成群出动。

它们具有多样化的食性，食物主要包括各种小型动物，如鼠类、松鼠、野兔、鸟类、昆虫、蛇类以及大中型动物，也食植物浆果和蜂蜜等。黄喉貂的确喜欢甜食，在秋季各种植物果实丰收的时候，它们大量进食各种果实。在倒木上可以见到黄喉貂排泄的粪便里含有各种植物种子，如软枣猕猴桃、山梨等的种子。

我们经常在野外见到的那些猕猴桃等藤本植物不知道是什么时候来到这里的，也许是黄喉貂从很远的地方带到这里的，这些植物的种子经过黄喉貂消化肠道处理后排泄出来，落在适于它们生长的土壤里发芽生根。黄喉貂也是其他一些植物种子的传播者，可以将这些种子传播到很远的地方。

随着生境的变化，大中型捕食者陆续退出了长白山温带森林顶级捕食者行列，取而代之的是体形较小的鼬科动物。我们对于以长白山温带森林为栖息地的鼬科动物的行为并没有太多的认识，但可以从它们的捕食行为入手去了解它们的生存技能和在森林生态系统中起到的作用。

会跳舞的捕鼠高手——黄鼬

黄鼬的舞动

黄鼬是人们非常熟悉的动物，可以说是人们了解得最透彻和民间故事最多的动物之一。它们生活的环境与人类的居住环境关系比较密切，只要是人类生活的地方，就有它们的踪影。

它们有固定的活动地盘，喜欢活动于林间小道上、河流岸边和有人居住的地方，不管是在白天还是在黑夜，一般单独从事捕猎活动。

黄鼬的捕食活动非常神秘。在野外人们除了发现其捕杀家禽留下的痕迹，很少见到它们捕食猎物的场面，它们也很少留下被捕食动物的残骸。为什么呢？原来黄鼬具有特别的习性，它们捕猎成功后先把猎物带到洞穴中再大快朵颐。黄鼬喜欢捕食人类饲养的家禽，夜间闯入禽舍后咬死家鸡，常常一次咬死数只小鸡，但它们似乎只喜欢喝点血，很少吃肉。

黄鼬对自然界多种环境具有超强适应本领，喜欢钻洞、攀爬和游泳。它们的胸肋骨细长而具有良好的伸缩弹性，所以能轻易地钻进比身躯还小的缝隙和洞穴，捕杀洞

▲ 图 1　黄鼬（*Mustela sibirica*）属于食肉目鼬科，体长 40 cm 左右，尾长 20 cm 左右，被《中国红色物种名录》列为近危种

里的鼠类、昆虫或躲避天敌。

文献上经常描述黄鼬具有攀爬能力，但是我们在野外几乎没有见到过黄鼬爬树的迹象。实际上，黄鼬在捕食家禽的时候，可以沿墙壁爬上很高的地方，寻找入口处，钻入禽舍。黄鼬的游泳本领高，冬季可钻至冰下捕鱼，听养蛙户讲述过，它们也会入水捕杀越冬的林蛙。

虽然黄鼬的活动非常神秘，不过，我在野外偶尔也见到过黄鼬捕食的场景。黄鼬和其他鼬科动物一样，在发现猎物后，经常以匍匐前进的方式靠近猎物。它们有时非常灵巧地在原地左跳右跳，有时原地跳高，翻身落地，重复多次。我

▶ 图 2　春秋两季两栖类林蛙入水和出蛰时，黄鼬多出没在河边捕食蛙类。姜权提供

▶ 图 3　黄鼬在河边捕猎

觉得这是它们迷惑猎物，或遇见危险时逃避的行为。最近，红外相机也拍到了黄鼬“跳舞”的视频。可能是黄鼬在夜间看到了红外相机发出的红光，便在镜头前跳了起来。

▲ 图 4　黄鼬死在公路边

我在研究路域动物活动情况时，发现黄鼬极有规律地在公路附近活动。黄鼬喜欢沿公路左右两侧长距离移动，移动距离长达 20 多千米。然后，它们又沿自己走过的路线返回。它们喜欢在公路上活动的原因可能是在公路上可以食到被车撞死的动物，我曾见到在路面上要吃死亡的刺猬而被轧死在刺猬边上的黄鼬个体。

▲ 图 5　黄鼬已经习惯了在道路上食那些被车辆撞死的动物尸体，在觅食过程中也经常被车辆撞死

黄鼬没有什么天敌，其肛门处有一对臭腺，遇到敌害时能放出带有怪异臭味、呈气雾状的液体，许多食肉动物不喜欢这个气味，也很少捕食它。许多在公路上被车碾轧致死的黄鼬没有被任何动物拖走或啃食，很长时间都留在路面上。

自古以来，在人们的心目中黄鼬是不受欢迎的动物。其实，黄鼬是高超的灭鼠能手，能够控制农田、森林、居民区的鼠害。

虽然黄鼬没有致命的天敌，但是由于栖息地的丧失、药物中毒、人类的猎杀和环境变化等因素，如今黄鼬的数量急剧减少，许多地方已经很难见到它们的身影了。

捕猎黄鼠狼的森林独居老人

每年的冬天，我都要去经过多年采伐的森林里，数一数、看一看那里生活的动物。几十年来，我一直坚持寻找和记录，从没有间断过。在人类活动过的树林里寻找动物的足迹，记录森林里发生的故事，都是为了回答森林生态环境发生的变化是如何影响野生动物的以及野生动物又是如何适应这种变化的等问题。

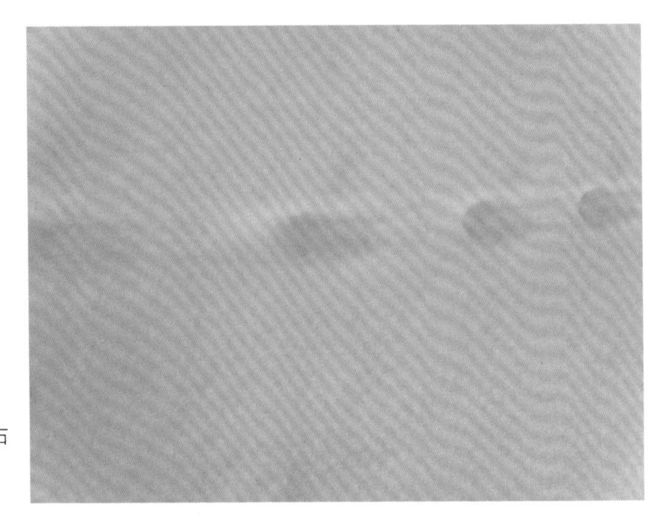

▶ 图6　雌性黄鼬足迹，左右脚印常并列，足印小于雄性，步距为 30~40 cm

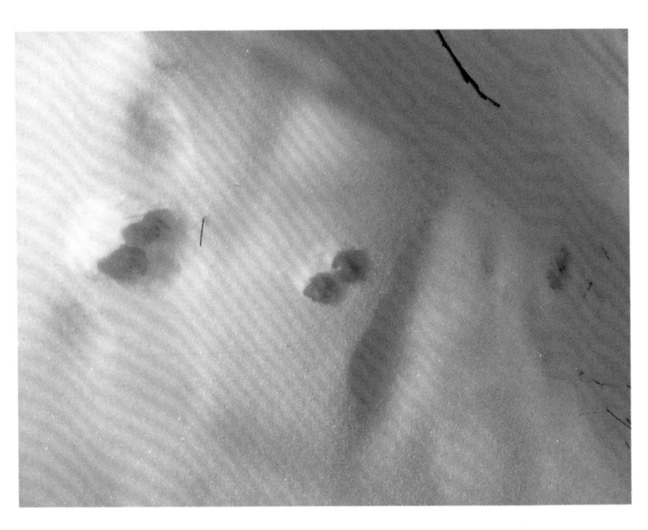

▶ 图7　雄性黄鼬足迹，通常左脚在前，右脚在后。单足印大小为 2.5 cm×3 cm 左右，步距为 30~60 cm

那是 1983 年的冬天，我沿着一条已多年不用的运材道走进森林，一边走一边记录见到的动物种类，包括鸟类和兽类。在这里想见到一头野兽真的非常困难，只能根据雪被上留下的痕迹，来识别和判读这是什么种类动物的足迹，它们在干什么、吃些什么，在什么环境里动物活动最频繁。

这片树林已经被择伐过 3 次了，粗大的乔木没有剩下多少，孤单地站立在矮小的灌木丛中，显得格外高大。大树下小径级的乔木还是不少，但它们要成材还需要漫长的岁月。由于林木被采伐，这里的光照变得充分，林下是茂密的萌生枝条和灌木丛，人在里面走非常艰难，就连野猪、狍子也不喜欢在这种环境中活动。的确，这里生活的动物很少，一路上仅见到一头狍子沿小路走过的足迹、一只松鼠在树下觅食用的食穴、灌木丛中东北兔来回走过的足迹链，还有随地排泄的粪便、近几天黄鼬走过的足迹。

这条小路宽不到两米，路旁的柳树遮挡了天空，路面上有两道很深的车轱辘旧迹，许多被大雪压断的小树横在小路上。

我们沿着林间小道走了一个多小时，在一片杂木林中发现了人刚走过的足迹。步距不大，好像是上了年纪的人，他在跟踪黄鼬的足迹，是向北走的。我们觉得他一定是猎人。我们沿着足迹走了半个小时，来到一座小房子前。房子坐落在沟坡上，周围是茂密的树林，与最近的公路和宝马林场相距两千米左右。

房子里出来了一位老人，衣着破烂，个头矮小，身形单薄，驼背，走路有些歪斜。小房子非常简陋，房子框架是用几根木杆搭建成的，墙壁是用泥土糊成的。一扇门、一扇窗户、一个土炕。窗户是用白色塑料布遮挡的。小房子长 2 米，宽 1.5 米，高 1.6 米左右。房子的顶棚是前高后低的坡面，棚顶覆盖着一些桦树皮和塑料布，用几根木头压着，防止被风刮走。烟筒是用枯立的空心整木做成的，整个窝棚的大部分材料是就地取材的。小房子南面 10 米处有条小河沟，夏季有水，冬季封冻，是季节性小河沟。

房子里小炕和灶坑是连着的，灶坑上面有一个平底锅，还有烧水用的壶。灶坑边还有一些干柴，有半袋食盐、一瓶酱油、火柴、碗筷等。炕上铺了一张狗皮，上面是一件破棉袄。墙壁上挂着钢丝套子和夹子等猎具。小房子里阴暗，墙壁被烟熏得发黑，屋里散发着汗味和浓浓的烟熏味道。

老人是东北人，70 多岁，是一个无家可归的单身汉。他很健谈，他说自己在这森林里独自生活了很久，是以捕捉黄鼠狼为生的。他说的黄鼠狼就是黄鼬。他经常换地方，走过许多地方，在一个地方捕捉一段时间后，再换到另一个有黄鼬的地方。他来到这里已经三年了，每年抓几只黄鼬，然后用皮张换些日常用品和食物，维持自己

▲ 图 8　森林里老人居住的窝棚

的生活。

他说："黄鼠狼是有灵气的，如果它的灵气附着到人的身上，人就会出现'中邪'症状，所以人们尊称其为'黄大仙'。放臊气就是黄鼠狼迷人的方式，就是因为它会迷人，所以人们都恐惧它，通常不轻易捕杀或伤害它。我自己是单身，不怕黄鼠狼附身。这一辈子我打死不少黄鼠狼，还没有在自己身上发生过什么。"

让我不解的是，他靠捕捉几只黄鼬怎么能维持生活呢？他说，自己要求不高，只要有盐和粮食就可以了。夏天再采集一些山野菜，秋天晒一些蘑菇，还到农田里捡些遗弃的谷粒等，有时捕猎小鸟、野兔、蛤蟆等来补充蛋白质。

这次的考察给我的印象很深，脑海中时时浮现那位森林里的独居老人。我觉得老猎人就像许多食肉动物，为自己的生存而去捕杀猎物，与猎物一起生存。他最希望的事情应该是那些能使他获利的生物能够一直繁盛下去。

体形最小的食肉目动物——伶鼬

随季节变色的“杀手”

在食肉动物中，有一种奇异的随季节变换毛色的小东西。它的体形苗条，黑黑的小眼睛，耳圆，腿短。这种动物叫伶鼬，当地人称其为“白鼠”。

伶鼬很少攀缘，也不擅长挖洞，它们主要居住在啮齿类动物的土穴中。它们昼夜活动，不合群，独自活动，繁殖习性很少被人所知。

伶鼬与其他鼬科动物的不同之处在于它们有非常短的尾巴，而且冬季全身换成洁白色，仅尾尖部呈棕色。夏季背毛变成棕色，腹部呈白色。长白山的亚种体形较欧洲的种小，颜色上也有所不同，嘴角没有棕色的点。它们与近亲白鼬的一个区别在于尾部尖端的毛色，伶鼬尾端毛色为深棕色，而白鼬尾端毛色为白色。

伶鼬是体形最小的食肉目动物，分布非常广泛，在我国分布于北部和西南部，自东北、新疆至四川等地，广泛延伸到西伯利亚、欧洲的北部和北美洲。

▼ 图 1　伶鼬（*Mustela nivalis*）属于食肉目鼬科，体长 18 cm 左右，尾长 3 cm 左右，在鼬科动物中尾巴最短

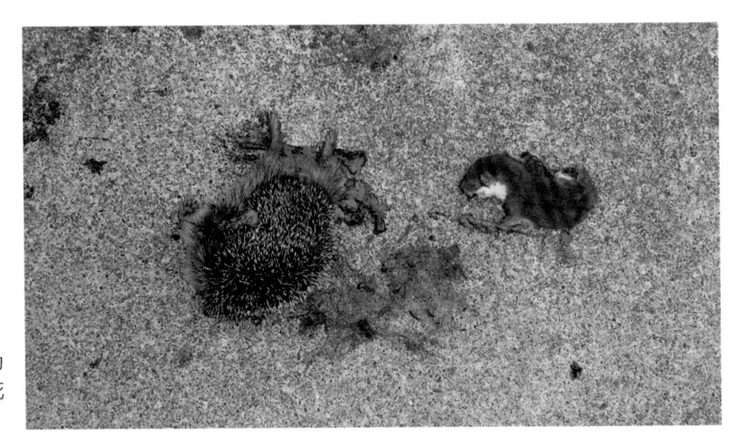

▶ 图 2　伶鼬在公路上为了吃死在路上的刺猬而死在车轮下

伶鼬非常机灵，速度较快。雌性伶鼬的体长只有13 ~ 15 cm。它们的配偶比它们大一些，雄性的体长可达18 cm，与鼠类相当，能钻进鼠洞，捕获鼠类。冬天体毛银白，与环境非常吻合，不容易被发现。

它们的栖息地广泛，可以在森林、草原、草甸、高山、村庄、花园、农田等生境中生活，但更喜欢干燥而地上覆盖层良好的地方，因为那里的食物丰富，它们总是生活在鼠类丰富的地方。动物学家曾计算过，一只伶鼬年捕鼠 3 000 只左右。

它们主要在夜间活动，但也在白天捕猎，捕食任何在陆地上活动的小型动物，特别是鼠类和在地面上活动的鸟类。它们捕猎时咬猎物的颈部。伶鼬通常独居生活，但幼兽在能独立前后，还会与母亲一起生活一段时间。

伶鼬有出色的保护色，不管是夏季还是冬季，在野外见到它都是件不容易的事。尽管有些人一生都在与野生动物打交道，但由于伶鼬多在夜间活动，身体小巧玲珑，喜欢在鼠洞或乱枝间蹿来蹿去，捕捉到它们的身影只能靠运气了。

锯木声的诱惑

伶鼬个头小，活动隐蔽而难以观察到。一次偶然的机会，

◀ 图 3　平房庭院堆积的柴火是鼠类喜欢的栖息环境，伶鼬常光顾这里

我目睹了它的风采。那是 1986 年初冬，我在自己家门口的柴火垛里第一次见到了伶鼬。那个年代，在长白山林区，大部分人家居住的是平房，每家每户的庭院里都要堆积一些柴火，用于冬季取暖和烧饭。有的庭院里堆积的柴火很多，这给褐家鼠和森林老鼠提供了栖息环境。

住平房，准备柴火是件头等大事，每天做饭和取暖离不开它。从山里用爬犁运来的长根木头要截成适合塞进灶台的木段，木段长 40 ~ 50 cm，然后用斧劈成碎块，整齐地堆放备用。

冬季来临后的每个假日，拾柴是必需的劳动，拾来的木头还要锯断。寒冷的早晨，我用弯把锯截木头，一根接一根。锯在木头上来回拉动，有节奏地发出清脆的沙沙声。这个声音酷似鼠类啃咬树干的声音，特别是锯冻僵的新鲜木头时声音非常相似。

清晨，太阳还没有升起，一排排平房的烟筒里冒出了烟。我一边锯木，一边聆听锯木声，享受着清晨的鸡鸣，远处时而传来劈木声和叫卖豆腐的声音。忽然，在我眼前的柴堆缝隙里晃动着一个白色的小东西。我注视着那里，不一会儿，它又从另一处木缝里探出了小脑袋。这是一只雪白而可爱的伶鼬，它好奇地看着我，片刻后便消失在我的视线里。

▲ 图 4　伶鼬捕猎时，总是咬住猎物的脖颈部位，尖锐的牙齿可刺穿要害部位，猎物很快死亡

我觉得奇怪，它是怎么出现在离我这么近的地方的？哦，可能是酷似鼠类啃树干的锯木声引来了它。我开始试着模仿鼠类啃食木头时的节奏拉动手锯，伶鼬又出现了，更加活跃起来，好像在柴堆中寻找着什么。我跑回犀里取相机，相机里的胶卷还可照 20 张。刚回到伶鼬活动的地方，就看到伶鼬在追捕什么。它转来转去，一会儿钻进去，一会儿又钻出来。

▲ 图 5　伶鼬可以拖走体积几乎与自身接近的猎物

我很快用标准镜头对准了伶鼬出没的范围。就在这时，一只小老鼠从木堆中蹿出来，机灵的伶鼬扑过来，一口咬住老鼠的颈部，瞬间老鼠和伶鼬一起翻滚在地面上，滚到离我不远处。老鼠很快就没有气了，伶鼬没有叼走老鼠，迅速躲进洞里。这时，我赶紧爬到被咬死的老鼠前约一米多一点的位置，用相机对准老鼠，等待伶鼬过来。很快，伶鼬迅速靠近老鼠，一口咬住老鼠的颈部，拖回柴堆里。伶鼬拖走的老鼠是一只棕背䶄，不比伶鼬小多少。

我把整个过程记录下来，非常开心。疑惑的是，伶鼬是被锯木声引诱来的呢，还是偶然出现的呢？后来，我在有伶鼬活动的地方通过锯拉木头发出沙沙声，伶鼬果真又出现了。

通过试验验证发现，伶鼬听觉发达，对鼠类啃食的声音异常敏感。如果在野外需要近距离观察伶鼬的话，采用这种方法可能是很好的选择。

一次有趣的相遇

我再次目睹伶鼬捕杀鼠类的场景是在2012年的冬天。那时我在样地中调查动物活动痕迹和松鼠取食行为，无意中见到了全身白色的伶鼬。我当时只顾观察雪被上的动物痕迹，按样线方格寻找动物的痕迹。走到第8线23号样方时，突然感到我脚边有什么东西一晃而过。当我看清时，它在我对面2米处，迅速地钻进倒木下的缝隙中。它的行为带有一点对我不满的意思，移动时还掀起一些雪花。那只动物如此迅速，让人不知所措，我只是看着它消失在缝隙中。不一会儿，我看到一只伶鼬从一个洞口处伸出头，洁白的身体上两只小黑

◀ 图6　伶鼬的足迹很像鼠类的足迹，区别在于鼠类的足迹可以见到分开的趾爪印，而伶鼬的趾爪基本并拢在一起。正常情况下，左右脚印前后叉开。足印大小为1.5 cm × 1.0 cm左右，步距为20~30 cm

眼睛尤为显眼。它目视着我的样子太可爱了，好像目光中透露着什么不可捉摸的含义。它时而缩回头，时而伸出头，还试着把身体伸出洞外。接下来，我一动不动地观察它的表现。

我不想马上离开，死盯着那个洞口，努力多看上几眼。对视几分钟后，我感觉到它的眼神中表露着一种不高兴的信息，口中不断发出嘶嘶的声音。这种声音我从来没有听到过，声音不大，但还是很有威力。

它开始表现出强烈不安的样子，希望面前的人快离开这里。我似乎明白了什么，无意识地开始向洞口侧面慢慢移动。当我后退了几步时，这个娇小玲珑的小东西竟然冲着我猛扑过来，与我更近了。我不自觉地停下脚步，感到不可思议。

它的移动速度很快，很快就扑到距我不足 1 米的地方，然后又迅速转身返回洞中，接着又向我扑过来，这次离我更近了。我低头看脚下，看到一只死耗子。我明白了，这只老鼠是它咬死的，它刚捕杀完还没有来得及拖走，我就到了现场，坏了它的好事。这是它的战利品，是它的美餐呐。

我后退了一步，用手触摸了一下老鼠，还有一点热气。我的手刚离开鼠体，伶鼬就带着进攻性的姿态快速跳过来，跳跃时雪面产生烟雾般的雪花。只见它迅速咬起小鼠，一溜烟拖到倒木下的洞穴里去了，再也没有从洞口露头。

这是我第二次近距离目睹伶鼬捕杀鼠类的场景，是比较难得的机会。伶鼬为了捍卫它的战利品而不顾自身的安危。遗憾的是我没有携带相机，没有留下现场这有趣的一幕幕的影像，只留下了难忘的记忆。

有漂亮的皮毛也是错吗——紫貂

紫貂的行为

在长白山森林里生活的鼬科动物中，紫貂是最为伶俐而美丽的一种。紫貂身披有光泽的黑褐色细柔厚绒，喉部具有鲜艳的橘黄色喉斑，圆耳朵、黑眼睛、长而蓬松的尾毛，看上去不像是野性十足的捕食性动物。然而它却是食肉动物中具有高超捕杀技

◀图 1　紫貂（*Martes zibellina*）属于食肉目鼬科，体长 45 cm 左右，尾长 15 cm 左右，为国家一级保护动物

能的杀手，是松鼠、东北兔、花尾榛鸡以及森林鼠类的主要天敌。

紫貂主要猎食小型哺乳动物、鸟类、两栖爬行动物、鱼类和各种昆虫，也采食植物的种子，如红松、山李、浆果类植物等的种子。

紫貂平时单独活动，仅交配期才偶居。它们善于爬树，在树干间跳跃穿行自如。一天的活动范围和食物的丰富程度有关，平常的活动距离在 10 千米左右。它们通常没有固定的住所，但是产仔哺乳期要营巢穴，多选择树洞中、石洞中或倒木根下。巢呈圆形，可分为睡眠室和排便室两个室，个别为三个室，即多一个储存室。巢穴内铺一些兽毛、干草等，室内很干净。紫貂还喜欢饮水，经常进行水浴，冬季则舔冰或雪。

在野外观察时，经常见到紫貂在雪地上打滚或摩擦身体的痕迹。目前，这种行为还没有确切的生态学意义上的解释。一种可能是为了保持清洁的体毛和消除身上的异味而进行雪浴；另一种可能是为了清除身体表面的寄生虫而在雪地上摩擦

▼ 图 2　捕食或逃避危险的时候，紫貂迅速爬上树

◀ 图 3　这是紫貂发现了我们在靠近，从地上爬到树枝茂密的地方，紧贴在树枝上观察下面的动静

身体；还有一种可能是求爱行为。或许还有其他的解释，如生理需求、标记领地等。

在长白山，紫貂在每年的 11—12 月份发情交配，来年 4—5 月产仔。其野外寿命长达 20 年。在交配期，两性相遇时，它们之间会发生一些奇特的行为，如匍匐打滚、原地反复转圈、小碎步移动等，这是我们通过雪地上留下的痕迹获得的信息。

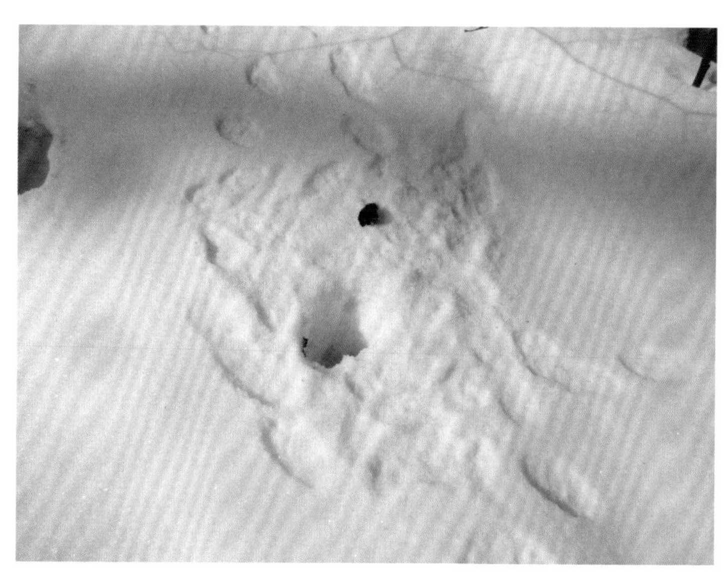

◀ 图 4　紫貂的足迹和洞穴。紫貂足迹呈椭圆形，大小为 3 cm × 8 cm 左右，单步步距为 30~80 cm，快速移动时可达 100 cm

在大风雪和酷寒的时候，它们可以在洞穴内蛰伏几天不出来。食物不足的时候，其活动范围大而活动频繁。虽擅长爬树，但多活动在地面上，当捕食松鼠或躲避天敌时才爬上树。

紫貂的行动比较神秘，人们对它的习性不易直接观察到，只能靠雪地上留下的足迹、粪便、捕食的痕迹等来判读。我们在观察许多痕迹时发现，紫貂没有急速奔跑的行为，大都是在匀速跳跃，而且是等步距的，不超过身长；它发现捕猎目标时，迈小步缓慢靠近猎物。这些都是足迹告诉我们的。其步态很像老练的家猫，捕猎时常走一小步或停顿一下再移动。通常有缓慢步态出现的现场都伴随有血迹和吃剩的残骸，留下的残骸显示了它捕捉了哪种动物。

▶ 图 5　紫貂捕食鼠类的痕迹

非凡的本领

冬季，长白山森林经常有大雪覆盖，雪被有时厚达 50 cm 或更厚，会给许多动物带来移动和获取食物难的问题。小型啮齿类动物都在雪下进行取食活动，很少到雪上来。主要以鼠类为食的紫貂也面临着取食艰难的困境。因此，紫貂也常常顺着洞穴，潜入雪下捕食在地面上活动的鼠类或鼩鼱类小动物。

有趣的是，痕迹显示紫貂具有非凡的智慧，它能巧妙借助“他人”的力量获取食物。在松鼠常出现的地方，一般会有紫貂的踪影。一方面松鼠是紫貂喜好的猎物，另一方面紫貂也利用松鼠获得松鼠储存的食物。

在观测松鼠活动的痕迹时，我们曾见到一只紫貂的足迹。这些足迹是从斜对面一棵倒木上延伸过来的，并列的足印是右脚在前。足迹多出现在松鼠活动过的地方，哪里有松鼠，哪里就会有紫貂的足迹。

▲ 图 6　紫貂在冬季为了能在雪被上轻松走动，足下生出密集的毛，以增加附着面积。从雪被上的足迹可以看出紫貂的脚步轻韧矫健

我们细心跟踪观测了紫貂的活动行为后发现，在松鼠挖掘过的地方有紫貂取食红松种子的痕迹。紫貂把一只正在挖掘食物的松鼠给赶跑了，坐享松鼠储存在深雪中的食物。它把松子挖出来，一粒一粒连皮带仁咀嚼，将嚼碎的松子皮吐出，接着继续跟踪松鼠，用同样的方法抢松鼠的食物。我在想，紫貂和松鼠之间除了捕食者与被捕食者的关系外，还可能存在利用关系，也就是说，紫貂在特殊环境下，也要靠松鼠的力量获得它所需要的食物。

后来，跟踪紫貂足迹的次数多了，我发现个别紫貂也像松鼠一样，能很准确地找到地下埋藏的红松种子，不再需要松鼠给它提供红松种子埋藏点的信息了。这些种子是松鼠储存的，它把松鼠赶走，或把建立种子库的松鼠吃掉，把松鼠为了过冬精心储备的粮食占为己有。我想，紫貂在从松鼠口里抢夺食物的漫长过程中，学会了寻找地下种子的本领，这是紫貂适应环境的进化表现。这个现象告诉人类，动物有模仿和学习的能力。

紫貂是森林食肉类动物中最善于爬树的动物之一，它经常光顾树洞，而树洞正是松鼠等洞栖动物的家，有许多个体被紫貂堵在了洞内而捕杀。然后，这些动物，尤其是松鼠也改变了生存对策，把窝筑在树干的侧枝上，这样，当捕食者进入窝区时就会触动树枝，它们就有机会逃离捕食者。

紫貂喜欢在夜间或黄昏活动，人们在森林中很难遇见它的身影。不过我们可以借助红外相机拍到紫貂等鼬科动物，了解这些动物的活动规律、性别及健康状况等信息。

足迹画出的领地

寒冷的冬天，长白山头道白河的头岔河一带林下雪被很厚，且环境僻静，人类干扰小，是观察紫貂的理想之地。

我在头岔河的河边见到新鲜的紫貂活动足迹，便开始用 GPS 跟踪其足迹链。紫貂在一个不大的地方围绕着一个大倒木转来转去，足迹有进有出，实在是难以判断哪些是我跟踪的足迹链。跟踪了几圈后发现，是一只紫貂个体在这里打转。

附近有一棵山荆子树，树上还残留着秋天时熟透、已经变成果干的红色果实。树下是动物们吃剩的果皮，撒落一地。紫貂的足迹就在这棵树下消失了，它爬上了这棵树取食果实。附近紫貂的粪便很多，看来它已经在这里取食多日。粪便是深棕色的，含有山荆子的种子和种皮。

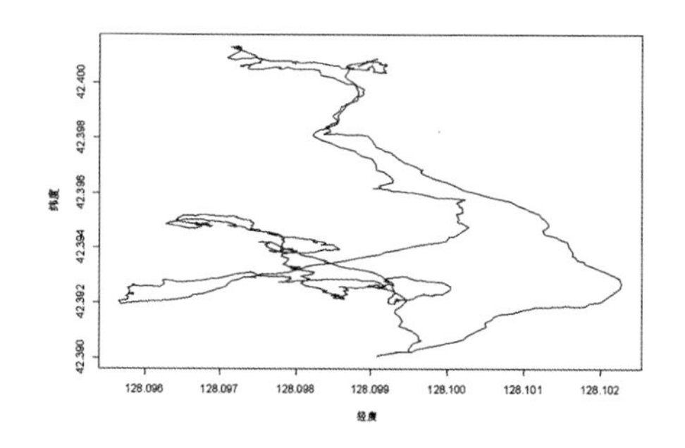

▲ 图 7　这是通过手持 GPS 定位仪跟踪紫貂所形成的紫貂日活动轨迹

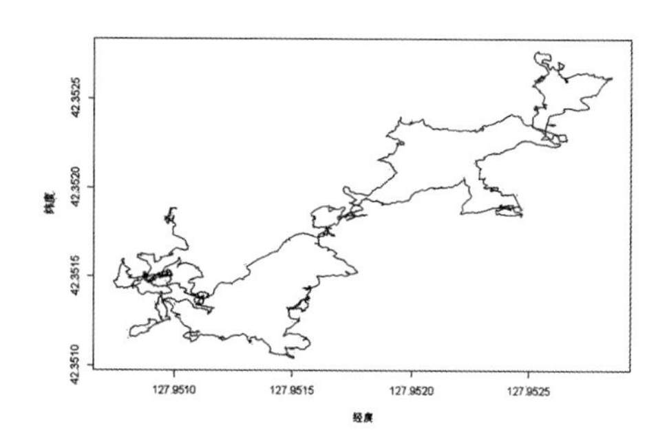

▲ 图 8　紫貂日活动范围与食物的丰富度有关，猎物多时活动范围小。通常紫貂的活动轨迹呈弯弯曲曲的不规则形状

在这棵树下我找到了紫貂离开的新足迹，继续跟踪。约跟踪了 1 000 米的距离后，眼前的足迹消失了。足迹是在一棵大水曲柳树的根部消失的，紫貂爬上了这棵树。树干上段分杈处有一个纵向的疖洞，疖洞口的直径约 40 cm。

在树的周边，我看到的是一个个大小差不多的雪坑，仔细辨认后发现是紫貂从树上下来时往下跳所形成的坑。从角度判断，它是从树干中部位置跳的，雪坑中还可以见到尾巴的痕迹。雪坑很多，说明这棵树上的树洞是紫貂过夜或休息的地方，它在这里已经待了数天了。

在跟踪过程中，我记录了紫貂的尿迹、粪便、捕食痕迹、跳跃痕迹、漫步痕迹等信息，并用 GPS 定位，最后保存了完整的活动轨迹。我也记录了紫貂走过的地方、与其他动物足迹交叉的点和种类、哪些动物同时在这个区域出现。跟踪了约 3 个小时，我又转回到跟踪的起点位置。看来紫貂喜欢在自己熟悉的地方来回活动。在一只紫貂的取食活动领域内，一般很少有其他紫貂个体出现，它们之间是强有力的竞争关系，不容许其他个体在自己的地盘内出现。

有时黄喉貂出现在它的领域，但与它互相回避，不在一个地方狩猎。从这一点来看，每个个体都是有领域的。跟踪

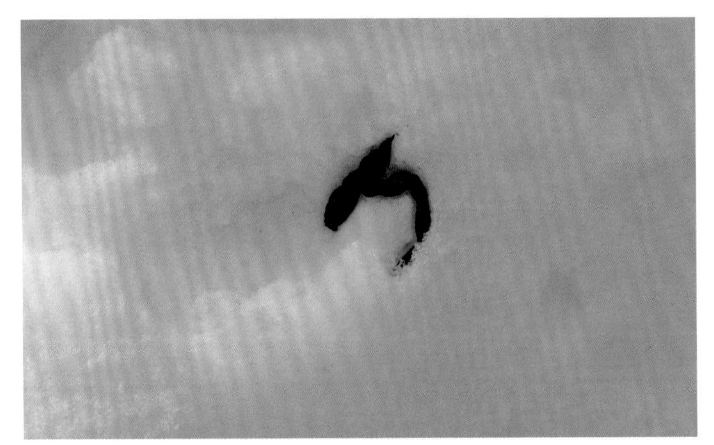

▶ 图 9　紫貂的粪便。紫貂多在倒木上排泄，粪便通常呈黑色，粗 0.5~0.8 cm， 长 5~7 cm。与黄喉貂的粪便比较，其大小和量均小于黄喉貂的粪便

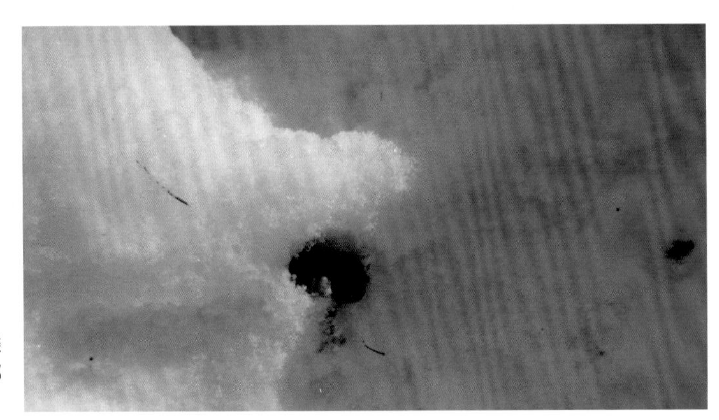

▶ 图 10　紫貂捕食鼠类时通常不吃鼠胃，其他部位全部吃掉

发现，紫貂的活动范围在几千米内，它们经常巡视自己捕杀猎物的地方，用尿迹标记，向同伴发出信号："这是我的地盘。"紫貂吃鼠类时通常把胃取出，放在原处；胃里充满了植物的纤维，口感不好，紫貂吃进去也不能消化。

紫貂的活动范围和食物的丰富程度有关，与食物多的时候，活动距离短，紫貂很快吃饱了，就不动了。此外，它们经常在倒木和倒木之间穿梭，因为倒木多的地方鼠类也多，它们在倒木上走的概率很高。

不管是猎人、野生动物爱好者还是研究人员，要想了解它们的生活习性，唯一的方法是跟踪它们的足迹，足迹会告诉我们很多鲜为人知的信息和知识。

传统的猎貂术

冬季的紫貂毛长而柔软，绒毛丰厚，细致柔滑，轻暖而有光泽，用于制作高贵的皮衣或各种裘皮饰品，是最珍贵的毛皮之一。人们对毛皮的奢求和其昂贵的市场价格，使紫貂自古以来就成了人类捕杀的对象。

东北长白山地区有多种捕貂方法。随着历史的发展，人们的狩猎目的发生了深刻的变化，猎捕紫貂的技术也相应地发生了变化。

1985 年至 1996 年期间，紫貂皮的市场收购价上升到一张上千元，长白山地区的紫貂变得非常少见，几乎处于灭绝的地步。我们在野外考察时，经常见到有人跟踪紫貂的足迹，还见到洞口处有被烟熏过的痕迹。那个时候，森林里到处都是人活动的足迹，有捕猎松鼠的、捕猎熊的、捕猎紫貂的。

在我的周边，有一些我非常熟悉的人也加入了捕貂行列，他们是因价格的诱惑而走上杀生之路的。当我提到捕貂的话题时，我熟悉的人也好，不熟悉的老猎民也好，他们都滔滔不绝地讲述自己的捕貂经历。

冬天天气寒冷的时候，紫貂的绒毛最丰满，质量最佳。大概是立冬节气前后，人们开始进山进行捕貂活动。之前人们已经踏查好了哪里紫貂多，并准备好了一些进山的物品，主要是几天的食品、烧水用品、捕捉工具、过夜防寒用的塑料布等。

进山前通常有拜山神的仪式，祈求山神爷保佑。一般两个人或几个人合伙，一起上山。捕貂主要有几种方式，一种是每天跟踪足迹，走到哪里就在哪里过夜；一种是有固定的落脚点，提前搭建好过夜的窝棚，以此为中心，在附近设置捕捉陷阱；还有一种是把捕捉陷阱布设好后，每隔几天检查一遍。在长白山通常采用的是第一种方式。

第一种方式比较方便，但很辛苦。捕猎者要跟踪紫貂的足迹移动，紫貂走到哪里，他们也走到哪里。通常下过雪后的第二天跟踪效果最好，雪上留下的是新的足迹，无须进行辨认，不容易与旧迹混淆。当跟踪的足迹消失时，就在附近找紫貂进入的洞穴。找到紫貂洞穴后，周边可能还有一些洞口，把大部分洞口用布袋或木棍堵上，留一两个洞口，在洞口前布踩夹子或用丝线网（有时网上还挂有铜铃）把洞口围住。然后，在洞口点燃木枝枯叶或燃烧发出刺激性气味的东西，向洞中灌烟。紫貂在洞中被熏得隐藏不住，就会跑出来，触到踩夹或钻入丝网而被捕。

紫貂的日活动距离大小跟环境中的食物资源量的多少有关。在食物丰富的地方，紫貂就在不大的范围内活动。但有时候，紫貂移动的距离会有 10 多千米，来回穿梭，跟踪一天也找不到它们的洞穴。冬天的白天很短，下午 4 点钟太阳就落山了，猎人只好就地过夜。他们过夜的方法很简单，只用一块塑料布就可以了。

首先，找一个平坦的地方，把上面的雪清理掉，然后，在上面堆上干木头，点燃，用来取暖、烧水。在篝火边一边取暖一边吃些干粮、咸菜。等到堆积的木头烧尽的时候，把火炭灰推到另一边，然后把准备好的几根长 2 米左右的树枝条等距离地插到烧过木头的位置，支成半圆形的框架，上面覆盖塑料布，周边用雪覆盖，只留一侧，为人的进出口。在烧过的地面上铺上一点针叶树枝和枯枝落叶等，在上面铺上防潮的塑料布，人躺在上面，就像在火炕上睡觉。疲劳的人在温暖中可以熟睡，地热可以保持一夜。第二天，天还没有放亮，猎人便早早起来，准备就绪后又开始了一天的跟踪。

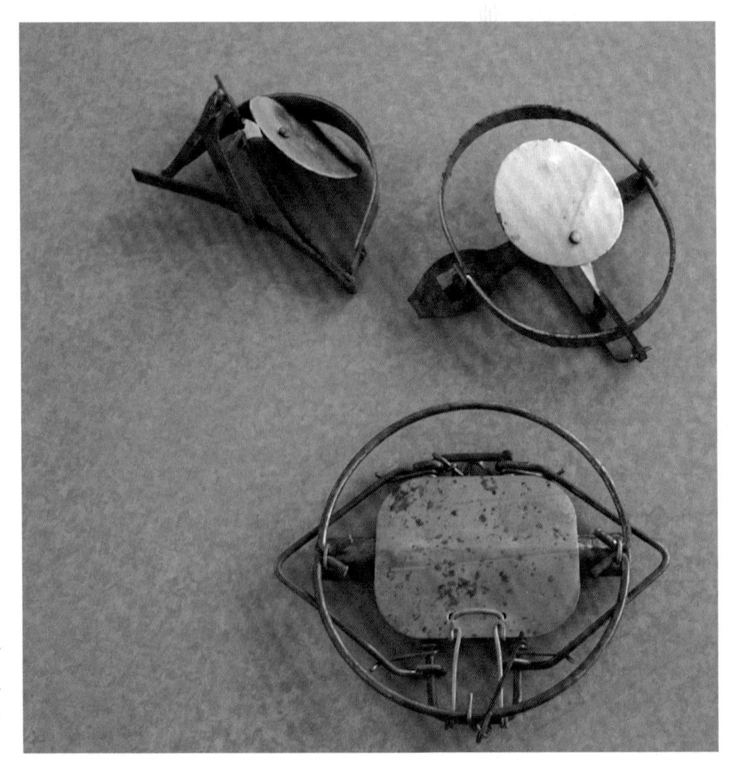

▶ 图 11　用这种踩夹可以捕杀所有鼬科动物、小型鼠类和在地面上活动的鸟类

◀ 图 12　森林老鼠被踩夹夹住腿部

我们在森林中见到一个单独捕貂的人，他在野外就是以这种方式过夜的。他在林子里已经待了 10 多天了，住的窝棚里放着踩夹等工具。他是用牛油作诱饵来捕猎的。在踩夹的踩盘上涂上牛油，当紫貂闻到气味后，用爪子扒开踩夹上覆盖的雪，触碰到踩盘机关，夹子合拢，夹住紫貂的脚。有时他也用花尾榛鸡的头做诱饵，效果也很好。

也有人在寒冷的季节把粗棍稍稍倾斜地插入雪地里约 30 cm，拔出木棍即成一洞，向洞壁上浇水使其结冰，洞壁很光滑。将诱饵投到洞底，紫貂或黄鼬钻入，无法退出而被捕获。这种方法用得不多，如果要活捕的话还是可行的。

实际上，捕捉紫貂的历史悠久，方法很多，《在乌苏里的莽林中》一书中就有关于捕貂的描述。书中讲到，秋天已经开始捕貂了，捕貂的工具叫作“桥”。这种桥往往是用风倒木做的，从这岸架到对岸。如果某个地方适于架桥，附近又没有风倒木的话，有时也特地伐树架桥。桥中间设置一道用细树枝编的栅栏，栅栏中间留一个小口，口里吊着一个用马尾打的活套。圆木两边都砍得溜光，不让紫貂从旁边绕过栅栏。

套子的另一端拴在一根小木棍上。小木棍一头搭在小支架上，另一头拴着一块有三四千克重的石头。紫貂从桥上跑过时，一下子被栅栏挡住了，就会想法绕过去，可是两边都砍得光光的，绕不过去。于是它想从小口钻过去，一下子就被套住了；再使劲一挣，就把支架上的小木棍拽了下来。石头落进水里，便把这个珍贵的野兽也带进水里了。

猎貂人认为这种捕貂的方法最好不过了，因为这种套子非常灵，从来不会让貂跑掉。此外，貂沉入水里，可以保持毛的完整，以免被乌鸦或松鸦啄坏。这种方法有时套住的不是貂，而是松鼠、榛鸡和其他小鸟。

只要你留意的话，在长白山森林中，仍可以见到过去搭的“桥”的历史痕迹。

我们还没有找到确切的证据，但也许猎貂活动已经持续几百年了。的确因为诱人的毛皮，紫貂遭受了人类的大量捕杀。几十年来，我也走过许多紫貂曾经生活过的地方，现在要想见到它们的踪迹已经是不容易的事情了。

▼ 图 13 过去捕猎紫貂的“桥”陷阱结构图

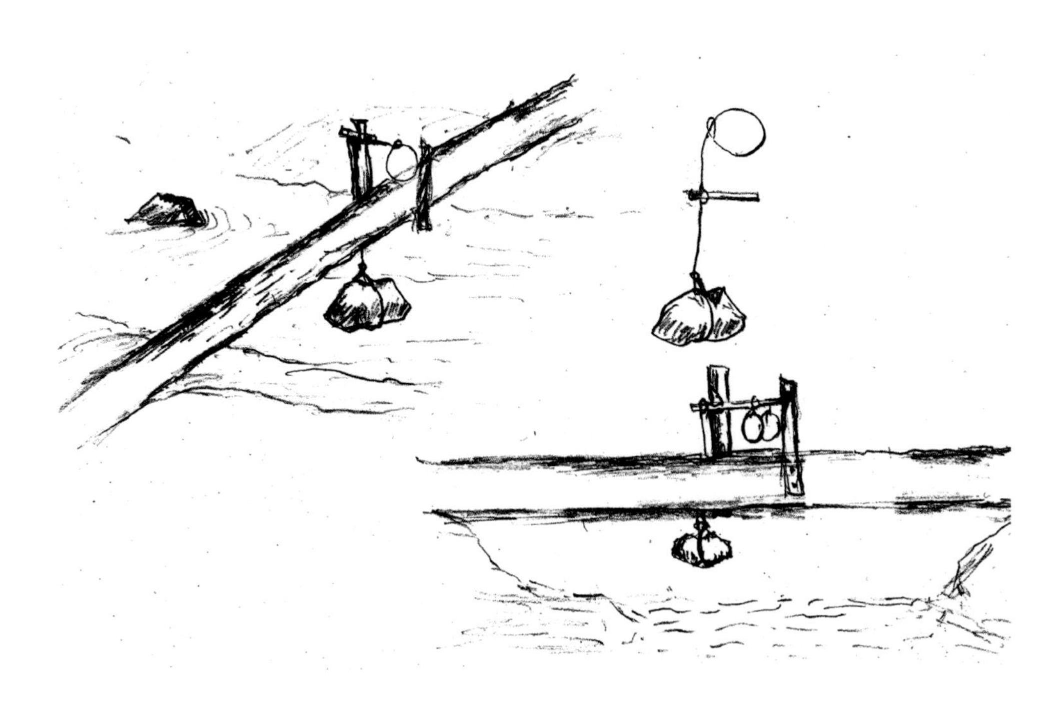

近年来，森林的过度采伐、栖息地的破碎化、杀虫剂和灭鼠药的大量使用以及林下经济活动的兴起等，使紫貂栖息的生态环境受到破坏，紫貂的数量变少，分布范围也越来越小。所有知情人士一致认为，紫貂的确处在濒危状态。

众所周知，森林里大量繁殖，迅速膨胀的群体是鼠类，它们在短暂的一生中不停地啃食植物。如果没有紫貂对这个群体数量的控制，鼠类将会对树木造成严重的危害。人们投放大量的灭鼠药控制鼠类，进而也直接或间接毒死了其他捕食者。在这片森林里，进行着我们所不希望看到的恶性循环。

被称为“东北三宝”之一的紫貂是美丽的森林天使，它能维持森林系统的安宁和健康，是人类的宝贵财富。因此，我们每个人都有义务关心它们的未来。

可怕的行为

现在越来越多的人对紫貂感兴趣。一方面是因为它的长相很可爱，但更多的是为了一睹它的皮毛。随着长白山观光旅游的发展，去紫貂生活的地方的人越来越多，产生的食物垃圾也随着人流的增加而增加，原来远离人类的紫貂也开始慢慢适应了人类的存在，不再那么害怕人了。

紫貂本应该在大自然中捕食鼠类、鸟类和啃食植物性的东西，而现在它们正慢慢放弃野外捕食的野性，到垃圾堆中捡食一些人类丢弃的肉块、鱼块、香肠、面包等食物。

近几年来，人们开始有意定点投放一些肉类食物来招引紫貂，这样可以接近它们，近距离欣赏它们。这些紫貂也很准确地掌握了时间，定时出现在投放食物的地点，而且是一个家族或多个群体加入了“讨饭”行列。随着时间的推移，这些动物已经形成了食物条件反射，一代代传递了遗传记忆。每年寒冬时节，它们准时来此，享受人类恩赐的食物。

这些故事不只在长白山旅游景区有，如今许多地方为了丰富观赏内容和提供拍照活动，开始用定点定时投食的方法引诱紫貂并留住它们，形成了商业化的收入来源。我们去旅游区或动物园，经常能见到管理部门竖立的“请勿投食”的标示牌。但是，有许多人见到动物就想喂食。此外，随着人们越来越喜欢野生动物，对野生动物的关注度也在提高。每当大雪覆盖大地的时候，总有一些人担心野生动物的生存问题，在大森林里投放玉米或其他食物。那么，人类的这种行为对野生动物有好处吗？实际上，

▶ 图 14　紫貂捡食食物垃圾

很多人对此是不清楚的。

我们调查发现，许多动物生活在人类的垃圾场中。大嘴乌鸦早晨 7 点多成群结队地飞向垃圾场，下午天黑之前返回森林中；野猪每天去投食点饱餐一顿玉米，拖着大肚子回到过夜的窝里；黑熊、狐狸等夜间去偏僻的垃圾场寻找食物；黄喉貂光顾墓地吃祭品；野鸭听从人的呼唤讨食物吃。我们可以想象一下，这些动物如果长期靠垃圾充饥，那么它们的野性会不会丧失，会不会带来疾病，基因会不会退化？

在森林里徒步穿越的人们所丢弃的塑料垃圾袋，有许多动物感兴趣。如果袋内还有残余食品的话，它们或许会把塑料袋整个吞进肚子里。对于塑料垃圾产生的问题已有许多报道，尤其是对海洋生物产生的影响非常严重。塑料垃圾会导致这些动物生病，如胃糜烂、气管堵塞等。

近几年来的调查表明，野猪的死亡率很高，有蹄类的生病死亡数也在升高。经采集样本和检测发现，在长白山有戊肝、胀气病和其他几种瘟病导致野猪大量死亡。有蹄类也因人畜共患的疾病而死亡。目前还没有确凿的证据证明疾病来自人类产生的垃圾，但至少与人类的一些行为有关。

上述内容可能涉及人类保护动物、关爱动物的保护行为学问题了。在我与国内外生态学者们一起考察时，看到林中投放的食物，他们都会问："为什么人们要在原始森林中投食物？"我只能简单地回答说是因为雪太深了。他们会摆出很不理解的表情。

有一次，我在二道白河边看到一个老人领着大约 5 岁的小孙子去喂野鸭子。这些野鸭是绿头鸭，经过多年的人为投食喂养，已经改变了迁徙习性，成了留鸟。河岸边有一大群人在那里呼唤野鸭，并不停地往河里扔面包块。老人敦促小孙子给野鸭子们扔点食物，可是小孩子只是看着别人投食，好像在想着什么。突然他转身对爷爷说："我不喂了，野鸭子是野生动物，它们应该自己找食啊。"小孩子的举动给我的印象很深。也许这个小孩子从书本或电视上知道了一些道理。

◀图 15　紫貂叼走食物

艰难觅食的水陆两栖性动物——水獭

两栖哺乳动物

在自然界中，各种动物对于水的依赖性和适应性截然不同。有些物种除了吃喝之外，几乎不下水。有些物种在觅食、繁殖和活动的过程中从不离开水的环境。还有些物种在这两种之间，既能在陆地上繁衍后代，又能在水中觅食和活动，它们能够适应陆地和水两种生境，人们把这类动物称为水陆两栖性动物，水獭是代表性物种之一。

在长白山温带森林中，水陆两栖性动物种类丰富。蛙类等两栖动物，雁鸭类和涉禽等鸟类，水獭、水鼩鼱、麝鼠和水貂等哺乳动物，是适应水栖生活的代表。

水獭和水鼩鼱是本土的原有“居民”，而麝鼠和水貂是外来之客。据文献记载，麝鼠原产于北美洲，由于欧亚各国引种驯化才使它几乎遍及欧亚大陆。20 世纪 60 年代，麝鼠侵入了长白山地区，在许多河流中均可见其活动的踪迹。麝鼠在野外喜食岸

▼ 图 1　水獭 (*Lutra lutra*) 属于食肉目鼬科动物，体长 60 cm 左右，尾长 45 cm 左右，为国家二级保护动物

▲ 图 2　水獭，杨海山提供

边的水生植物，有时也吃一些小鱼、蛙、虾等水生动物。

水貂是小型毛皮兽类。野生水貂原栖居在北美地区，从2000 年开始，在长白山国家级自然保护区可见其个体，而且种群活动范围呈迅速扩大的趋势。

◀ 图 3　麝鼠 (*Ondatra zibethicus*) 属于啮齿目仓鼠科动物，体长约 26 cm，尾长 22 cm 左右

◀ 图 4　麝鼠喜欢在河岸边筑洞穴为窝

▲ 图5　水鼩鼱（*Neomys fodiens*）属于鼩形目鼩鼱科动物，体长 6 cm 左右，尾长 4 cm 左右，是我国稀有种

▲ 图6　冰雪融化的春季正是水獭发情交配期，这是两只水獭在求偶。杨海山提供

▲ 图7　水獭求偶的行为。杨海山提供

水鼩鼱是小型食虫类两栖性动物的代表，仅分布在长白山和新疆地区。多数鼩鼱是陆生动物，唯独水鼩鼱为水陆两栖性动物。它们长得很像小老鼠，个头小，嘴巴尖尖的，尾细长，适于游泳。鼩鼱类动物在哺乳动物的进化史上是最原始和古老的一支，是大多数高级哺乳动物类群的祖先。水鼩鼱通常在溪流中捕食水生动物，还可以通过毒腺来捕杀较大的猎物。它们数量极少，极难捕获。水鼩鼱的标本最早见于 20 世纪 50 年代，中国科学院动物研究所在吉林长白山区临江县获取了一只标本。

水獭是一种非常适应水栖生活的食肉类动物。它们身体细长，尾强有力，适于游泳，毛细密，触须发达，外耳小，趾间有明显的蹼。它们掘穴而居，并产子于其中。水獭在陆地上行走的时候，身子向上拱起，前腿和后腿移动的速度很快。它们每天大部分时间在陆地上活

◀图8　水獭喜欢在大石头上排泄，也有的在河岸边沙滩上排泄。这是水獭经常排便的固定地方

动，人们常常能看见水獭在泥岸上或雪坡上滑溜嬉戏的痕迹。水獭胆小、狡猾、小心谨慎，喜欢在月夜外出猎取食物，白天很少活动。它们能在水中潜伏几分钟，这种能力与其循环系统和呼吸系统的适应性有关。观察发现，水獭排泄粪便时总要从水里钻出来，而且经常到固定的地点去，哪怕为此需要游很远的距离。猎人深知其习性，常常在水獭排粪便的地方或固定路线上布设夹子陷阱。

水獭作为淡水生态系统中的顶级捕食者，对环境具有较高敏感性，对当地的淡水生态系统及生态功能调节发挥着不可替代的作用，是陆地淡水生态系统的指示物种。一直以来，水獭都是国际关注的濒危动物。自20世纪50年代以来，水獭的分布面积不断缩小，数量急剧下降，部分地区种群濒临灭绝。

寻找食物的艰难旅程

20世纪90年代初期，水獭在长白山地区分布很广，在河流中经常可以见到它们的活动踪迹。但是近二十年来，水獭在长白山像消失了一样，踪迹难觅。许多人猜测这个物种可能会面临灭绝。尽管我们长期观察野生动物，但也很久没有见到水獭的活动踪迹了。

2016 年的冬天，动物们在长白山原始森林皑皑的雪地里留下一串串足迹。就在离我们不远的平缓的密林中，出现了一条显眼、不多见的动物趟过的雪道。通过雪道可以看出，这是一种短腿、跳跃式移动的鼬科动物，还有明显的尾巴拖痕，有些地方还可以见到趾间具蹼的足印。这些信息提示这是水獭的足迹。这一痕迹的出现是一件令人难忘的事情。过去，我认为水獭只在河流附近活动，从没想到在离开河流这么远的森林里还能见到水獭的踪迹。

人们在长白山已经很久没有见到水獭的活动痕迹了，更不可思议的是居然是在远离河流的地方见到，这对于我来说

▲ 图 9　水獭足印大小为 6 cm×9 cm，步距为 40~80 cm，跑动时步距可达 90 cm

▲ 图 10　水獭在雪地上迁移时留下的足迹

是一件不能理解的事情。实际上，有这种疑惑是由于我对水獭的生物学习性了解甚少。

带着好奇心，我用 GPS 定点，测算了水獭痕迹出现点到周边河流的距离。最近的河流是距此处约 500 米的不足 1 米宽的小泉水沟。这只水獭是在这里觅食后离开的，向头道白河方向移动。到头道白河的距离还有 4 000 米左右，我开始沿着水獭趟过的足迹链跟踪，记录发生的一些行为的细节，发现水獭非常准确地朝着头道白河移动。

水獭辨别方向的能力很强，喜欢栖息在鱼多的河里。当食物不足时，它也长途跋涉，在河流之间来回游荡。水獭在一个地方把鱼吃光之后，就要沿河往上游或下游转移，转移时总是从岸上走。这次跟踪的水獭足迹便是转移的水獭留下的。

随着冬季气温的不断下降，河流封冻程度也在发生变化。有些河流几乎全部封冻，有些河流间断地形成冰缝或冰窟窿。这时，水獭还要从一条河里转移到另一条河里，选择冬季不结冰或者岸边冰下有窟窿的地方。

难以改变的食性

许多人提出过疑问，水獭既然能在陆地上活动，为什么在鱼类和其他食物严重不足的情况下不选择陆地上的生物来充饥呢？

生物学研究认为，许多动物能够适应环境变化，环境变化也能够改变其生活习性。那么水獭在食物严重短缺的情况下是否也在改变觅食策略呢？它能够在严峻的环境下生存下来的原因是什么？我们围绕这些问题开展了水獭的食性研究。

我们对水獭粪便进行取样，分析排泄物里包含的食物的种类和所占比例。采集大量

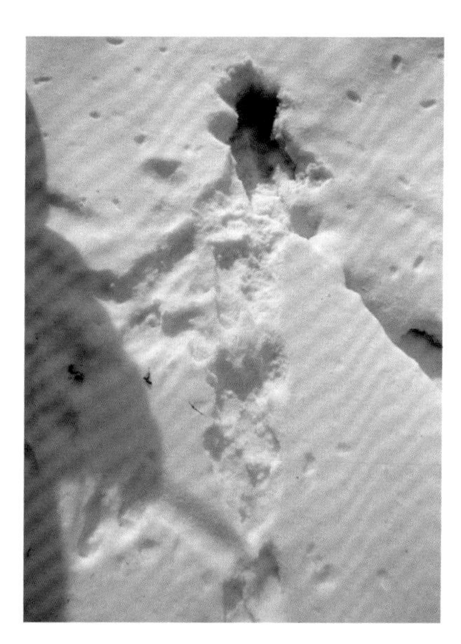

▲图 11　水獭入冰洞痕迹

的粪便样本并分析后发现，水獭的食物主要为鱼类、两栖类、水生昆虫和其他水生生物，没有发现陆地上的昆虫、鼠类等。当鱼类极少时，粪便中出现大量的水栖昆虫幼虫。

我们知道，水獭取食区域以河流生境为主，它们的形态结构不适于在陆地上捕食。水獭的移动速度缓慢，没有能力捕食在陆地上活动的小型动物。繁殖或休息时，它们会栖息在河岸边的洞穴里或沙滩上。而猎捕食物时，水獭对河流的依赖性非常高，可以说离开水环境则无法捕食猎物。

▲图 12　北方条鳅

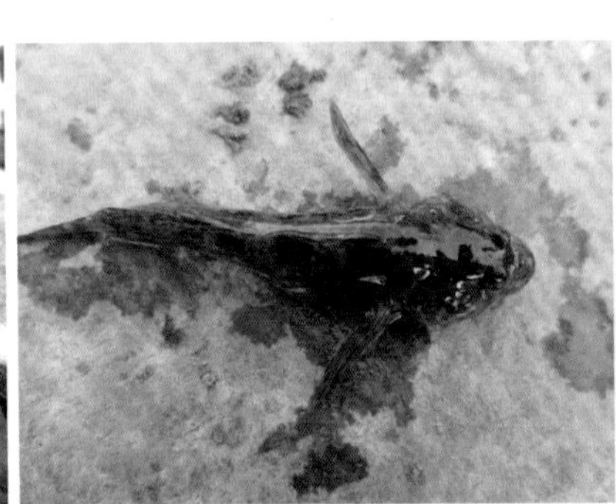

▲图 13　花杜父鱼

▲图 14　鲑鱼

▲图 15　细鳞鱼

▲图 16　中国林蛙

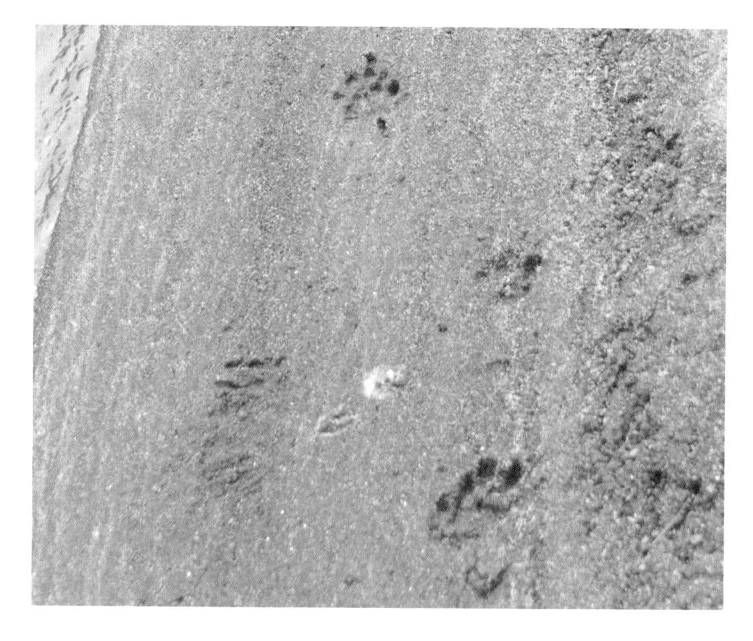

◀ 图 17　沙滩上留下的水獭足迹

我们认为，在长白山河流中还残存着极少数水獭种群的原因是，一方面，水獭能够随着食物的多少而改变或扩大其栖息地和取食范围来满足食物需求；另一方面，水獭在鱼类极度缺乏的情况下选择了水里的石蛾幼虫等水生昆虫来充饥。最近分析表明，在水獭的粪便中，石蛾幼虫所占比例达到 80% 以上。

河流中水生动物的巨大变化没有改变水獭的食性，它们

◀ 图 18　石蛾幼虫

仍旧保持着在水中觅食的本能。这就说明，水獭对于水环境的依赖性很容易受到人类活动和河流环境变化的影响，从而趋于濒危的状态。

当下的威胁

近几年，长白山区水獭的食物资源量呈明显下降趋势，尤其是曾经产量较大的鱼类。水生动物资源量的下降与当地居民过度捕鱼及水电建设等原因密不可分。从 20 世纪 60 年代至今，人类的捕鱼方式经历了从钓鱼、网捕、TNT 炸鱼、使用杀虫剂到电鱼器捕鱼的变化过程。特别是 20 世纪 90 年代后期，大剂量投放农用除草剂和杀虫剂的灭绝性捕捞使哲罗鲑、细鳞鱼、黑龙江茴鱼及其他水生动物生物量急剧下降甚至消失，严重影响到水獭等水栖兽类的生存。

值得关注的是水利工程对水獭栖息地造成的影响。长白山区主要河流的中下游均有用于水力发电的水坝建筑，平均每条河流建有 2 ~ 4 座河坝和电站，而这些水坝阻挡了一些鱼类的正常迁徙，势必影响鱼类繁殖及种群扩散。

冬季，水獭对于栖息地的选择是以河流封冻状态来决定的，全封冻河流不适于它们冬季取食。目前，因河坝的大量

▶ 图 19　河坝截流

建设，河流原来的物理特性发生改变而结冰，导致冬季适于水獭栖息的无冰水面面积减少，增加了水獭选择栖息地的压力。

此外，在河流中觅食鱼、蛙、虾等小动物的麝鼠和水貂等动物侵入水獭的领地。它们能很快适应这里的环境，并且水貂无天敌控制，从而可以大量繁殖。水貂数量的快速增长可能会严重影响水生动物资源，破坏原有的食物链结构，从而影响到长白山其他动物的生存。外来物种一方面丰富了长白山水系的生物多样性，另一方面对本地物种产生了深远影响，值得人们进一步研究。

行踪诡秘的大猫——猞猁

投机的夜间猎手

在长白山自然保护区的 4 种猫科动物中，东北虎和远东豹在这个区域消失了，豹猫受林区灭鼠活动的影响也日渐罕见。尽管周边环境发生了许多变化，但猞猁远比其他猫科动物表现得好些，在长白山自然保护区仍有一些种群生存了下来。

猞猁素以一身柔软灰褐色毛、两颊长毛和耳端黑色笔毛而著称。猞猁出奇的短尾巴和耳端竖立的笔毛，以及一双明亮的大眼睛，从形态上给人一种与众不同的神秘感觉。

猞猁为喜寒动物，基本上属于北温带寒冷地区的产物，即使在北纬 30 度以南也有分布，也是栖居在寒冷的高山地带，是分布得最北的一种猫科动物。在中国，猞猁分布较广，内蒙古、新疆、西藏及东北各地均有分布，尤以北方数量为多。猞猁能够适应亚寒带针叶林、寒温带针阔混交林、高寒草甸、高寒草原、高寒灌丛草甸及高寒荒漠与半荒

▼ 图 1　猞猁（*Lynx lynx*）属于食肉目猫科动物，体长 130 cm 左右，尾长 25 cm 左右，为国家二级保护动物

◀ 图 2　猞猁常沿着动物走过的足迹慢步移动

◀ 图 3　猞猁经常出现在石砬子生境中

漠等极富多样性的生境。全世界有 39 种猫科动物，我国有 12 种。长白山分布的猞猁，特征是耳端有竖立的一撮笔毛，尾很短，两颊部毛较长，前肢有 5 趾，后足有 4 趾，体重 18 ~ 32 kg，体长 90 ~ 130 cm，尾长 12 ~ 24 cm。

猞猁非常机警，而且它们昼夜活动在茂密的森林里，要一睹真容是不容易的。它们的听觉非常发达，耳朵经常转动，聆听周边的声音，能够听到数十米外鼠类活动的动静。发达的视觉和听觉练就了其捕食小型鼠类的本领，填饱肚子没有问题。在冬季捕获猎物后，它们会将吃剩的肉埋在积雪下“冷藏”，待饥饿时取食。

猞猁常孤身活跃在广阔空间里，是无固定窝的夜间猎手。白天，它们躺在岩石上晒太阳，或者为了避风雨，静静地躲在大树下。它们既可以在数公顷的地域里孤身蛰居几天不动，也可以连续跑出十几千米而不停歇。它们不畏严寒，喜欢捕杀狍子等中大型兽类。晨昏活动频繁，活动范围视食物丰富程度而定，有占区行为，在固定的地点排泄。

▶ 图 4　猞猁常在倒木上排粪便

▶ 图 5　猞猁的粪便

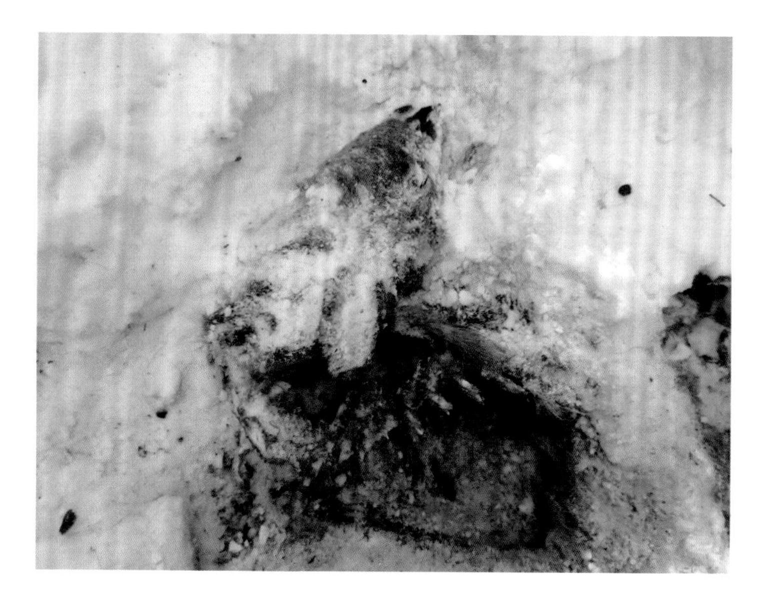

◀ 图 6　猞猁猎杀的狍子的残骸

猞猁善于埋伏在猎物经常出现的地方，借助倒木根、大石头、大树等作掩体，等候着猎物靠近。待猎物走近时，才出其不意地冲出来，捕获猎物。它们的忍耐性极好，能在一个地方静静地守候几个昼夜。它们很会节省体力，不喜欢穷追猎物，而是悄悄接近猎物，冷不防地猛扑过去。猞猁的性情狡猾而又谨慎，遇到危险时会迅速逃到树上躲避起来，有时还会躺倒在地，假装死去，从而躲过敌人的攻击和伤害。

猞猁还是个出色的攀爬能手，可以从一棵树上跳跃到另一棵树上，所以能捕食树上的鸟类或松鼠，尤其是在夜间能得心应手地猎取在树上过夜的小动物。

猞猁经常沿野猪、狍子、黄喉貂或兔子的足印活动。猞猁的步距和野猪、狍子相当，雪深的时候，踩着野猪的足迹移动是明智的选择。这可能是猞猁为了节省体力采取的行为。

猞猁在北方栖居于有高大树木的密林或山中，可见于高山上。在针叶林地带较为多些，独栖或数只在一起，多系一个家族。窝筑在大石下的岩隙中。猞猁的交配季节一般在每年的晚冬和早春，即二三月份，经过 67 ~ 74 天的妊娠期，母猞猁会生下 2 ~ 4 只猞猁宝宝。幼仔毛呈白色，几个月后渐变为黄褐。宝宝们在大约 1 个月大的时候就开始吃固体食物了。不过它们一般到第二年交配季节到来的时候才会离开妈妈。离开妈妈的小猞猁们为了生存有时会继续在一起过一段日子，比如几周甚至几个月，然后就各奔前程了。猞猁的寿命一般在 15 年左右。

在自然界中，虎、豹、狼、熊等大型猛兽都是猞猁的天敌，但最可怕的是人为了猎取狍子、野猪等布下的套子陷阱，这些套子陷阱经常误捕这些珍稀动物。长白山曾经是猞猁生活的乐园，但是由于人类活动的影响、森林面积破碎化和缩小、城市化的逐渐加速等，它们的栖息地越来越少，猎物也不如过去丰富。再加上它们的栖息地和人类居住区的重叠，导致它们有时不得不对人类饲养的牲畜下手，于是它们也常成为人类的捕杀对象。

猞猁之死

这几年，我们艰辛地寻找猞猁的活动领域和观察它们的种群变化，从中获得关于它们的信息。每当看到猞猁的足迹，我都万分高兴。因为长白山目前没有几只了，它们正在面临

▶ 图 7　猞猁的尸体

◀图 8　猞猁的头部

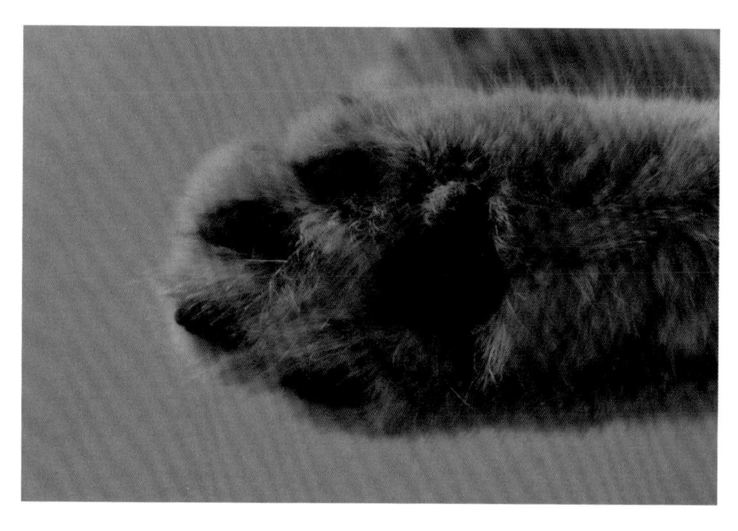

◀图 9　猞猁的足

消失的危险。

2012 年 4 月 13 日是我难忘的一天，这是我有生以来头一次抚摸到猞猁实体，过去在野外我只经常见到它们的足迹和它们留下的猎物。只不过我这次摸到的是猞猁的尸体，被当地人残忍捕杀的猞猁的尸体，是被钢丝套子勒死的猞猁的尸体。

它已经停止呼吸数天了，我仔细地观察了它被勒死后的表情。眼睛是半闭的，可以见到眼睛里流露出伤痛、愤怒和无奈。

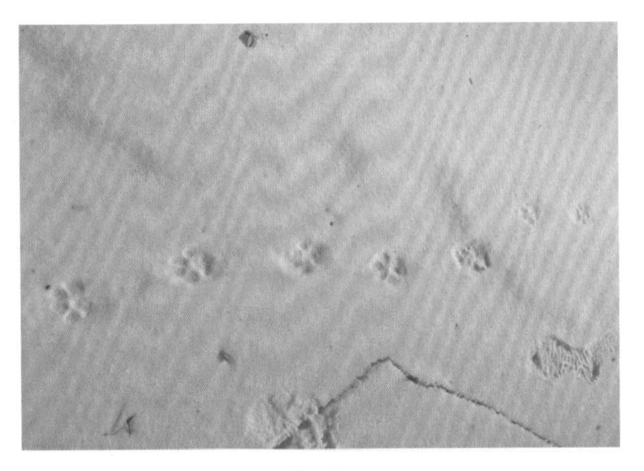

▲ 图 10　猞猁在冰面上留下的足迹

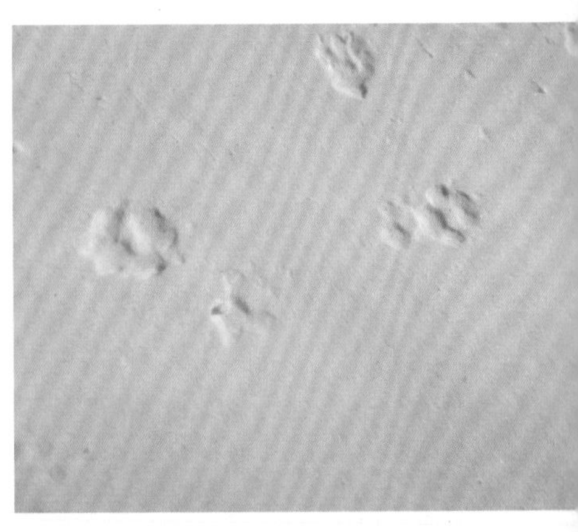

▲ 图 11　猞猁足迹。足印圆，大小为 7.3 cm×8 cm 左右，行走时步距为 35~50 cm，足迹链通常是直的

▲ 图 12　猞猁足印。这是在无雪的地面上留下的黑踪

▲ 图 13　钢丝套子

眼睛里有一点泪痕，不多。鼻孔内有些黏稠物，舌头没有伸出，嘴是紧闭着的，牙周边有些血迹。身上看不到任何伤痕。靠近头部的脖子根有套子勒的深沟，还可以触摸到。从冻僵的躯体来看，它临死前是半蹲在地上的。从 4 条腿的姿势，我们不难看出，它曾用力挣扎，希望生存下去，最后筋疲力尽。

它是一个不幸的生命，是人类剥夺了它的生存权利。死去的躯体最后只能留给我们进行信息记录。

这只猞猁可能来自长白山园池一带，听说是被人们用来套狍子的钢丝套子勒死的。过去，我们在这一带常看到猞猁的足迹，猞猁沿着林间土路活动，当地检查站的工作人员也说，这里有比狗大一点的猫脚印经常在泥路上出现。我们为了观察它们，多次来到这里考察，也用过红外相机拍照。结果拍到的是专门打猎的猎狗和猎人，还有一些闲散人员经常出现在这里。我们非常担心这些人下套子。我们的担心不是没有理由的，过去在珲春自然保护区和汪清等虎、豹分布的地区发生过多起钢丝套子套死远东豹和东北虎的事件。

最近，据知情人说，在长白山自然保护区内套死了猞猁1只。听到这个消息，我们备受打击。因为这只猞猁曾经是我们长年观察跟踪的个体，我们的研究就这样因猎杀而停止。我们后来多次光顾它的领地，都没有见到它活动的足迹。

现在，大部分东北林区进行承包河沟养殖林蛙的经济活动，这对野生动物的影响非常严重。所到之处，均能见到套子等猎具。套子是一种可怕的陷阱，它不会识别什么国家重点保护动物，只要野生动物进入套子陷阱内，性命难保。

猞猁有多少

据文献粗略估计，中国的野生猞猁有7万只左右，种群

◀ 图14　红外相机拍到的在夜间活动的猞猁

数量还在减少。20 世纪 70 年代以前，猎民可以任意捕杀，仅在青藏高原每年猎捕的猞猁就达千只以上；1971—1981 年黑龙江省捕捉了 801 只，平均每年捕捉 80 只。

自 1980 年始，猞猁尽管已被划为国家二级保护动物，但偷猎现象仍时有发生，且当地的土畜产品收购部门仍然收购非法捕得的猞猁的毛皮。

吉林省下属有关林业局于 1986 年、1987 年冬季在露水河、东方红、红石、兴隆和长白山等地区进行实地调查，累计调查面积 3 330 公顷，仅遇见 7 只猞猁。

猞猁的数量如此稀少的直接原因是人类活动的影响，包括人为滥杀、森林的大面积开发导致生境被破坏，以及食物来源匮缺等。

在欧洲，在中世纪以后的一段黑暗年代里，猞猁被当作害兽而被广泛捕杀。那时候人们除了认为它们能威胁家畜以外，还臆想其为魔鬼的象征，就因为它们耳朵上的那撮笔毛，虔诚的信徒认为猞猁是“撒旦”的象征。于是凶险的陷阱、毒药等都派上了用场。这些胆小的动物为了躲避人类的莫名清剿，而不断躲藏到更高的山和更深的密林中。到了 19 世纪，猞猁已经在欧洲许多国家被赶尽杀绝。直到 20 世纪 70 年代，人们才开始意识到应该恢复这个物种的种群。

东北虎和远东豹的传说

东北虎和远东豹是猫科动物中体形较大的一对兄弟，总是出现在同一区域，有着相似的捕食行为，也喜欢猎捕一样的猎物。它们在漫长的生存历程中经历了艰难的生存挑战，面临着同样的命运。

▲ 图 1　东北虎（*Panthera tigris altaica*）属于食肉目猫科，体长 330 cm 左右，尾长 100 cm 左右，为国家一级保护动物

东北虎的习性

东北虎是世界上现存虎亚种中体形最大的，分布在中国东北、俄罗斯远东地区和朝鲜半岛。东北虎大约起源于100万年前的中国南部。19世纪中叶，东北虎的分布范围很广，西自贝加尔湖地区，东迄鞑靼海峡及库页岛，北起大兴安岭，南至长城内外及朝鲜半岛，凡有林地处，皆有分布。目前东北虎在我国的分布区域已大大缩小，仅在黑龙江东南部和吉林东北部靠近俄罗斯边境地带还能见到东北虎的踪迹。

虎在我国分布有5个亚种，长白山地区分布有1个亚种，即东北虎。东北虎体形最大，体长160 ~ 180 cm，毛色较其他亚种浅，黑色条纹少，毛长而密。该亚种分布在我国的东北小兴安岭和长白山地区及西伯利亚、乌苏里和额木尔地区。

东北虎比印度虎要高大一些。东北虎是一种特别美丽的动物，毛的基本颜色是布满黑色横纹的棕黄色。胸、颈和前腿上的黑纹较稀疏，背和后腿上的黑纹特别鲜明。头部黑纹最密，不生颊须，腹部呈白色。

► 图2 东北虎捕杀家狗的痕迹

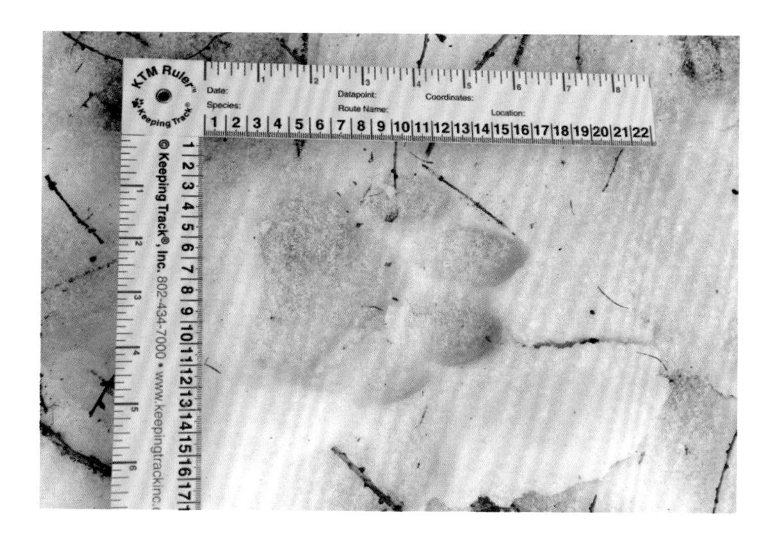

◀ 图3　东北虎的足印。呈圆形，大小为 13 cm × 16 cm 左右，雄性较雌性大，行走步幅 60~70 cm，步距 120~200 cm

东北虎是肉食性动物，以捕食野猪、狍子、原麝、梅花鹿、马鹿等草食性动物为主。主要栖息于林缘、疏林地中、阔叶林和针阔叶混交林等山地森林中，多见于海拔 1 000 米以下的红松占优势的红松阔叶林中。

东北虎的栖息地选择随季节和食物条件而变化。从长白山自然保护区历年东北虎活动范围来看，东北虎主要活动在红松和蒙古栎比较集中的红松阔叶林带，出现频率高，经常沿着林间小道移动。公虎常单独活动，母虎则和幼虎在一起。它们常在山脊或石砬子等较隐蔽处活动或潜伏，多在清晨或黄昏活动，活动范围很大。

东北虎的毛色是一种很好的保护色。当它们在树叶落光的原始森林灌木丛里奔跑时，黑、黄、白 3 色融合成灰褐色，与周围环境的颜色一致。秋季，蒙古栎树叶为橙红色，枯黄的蕨类丛里有许多发黑的老叶，还有一条条黑色的树影，东北虎置身其中，即使离得很近，也难以发现。

长白山地区算是东北虎的故乡了。长白山地区属于温带大陆性山地气候，冬季漫长寒冷，东北虎一点儿不怕冷。它们喜欢在丛林茂密，食物充足的地方栖息。如果食物充足，它们并不伤害家畜，只有在饿急了的时候才到居民点袭击家畜，且特别喜欢捕狗为食。

在长白山森林中，东北虎有自己喜欢走的路线，即虎道。虎道是东北虎长期生活形成的适应性的产物，东北虎在自己标记的范围内活动也许是因为感觉到安全，也可能是因为这条路线上猎物比较丰富。

据老猎民讲，他看到不少东北虎的足迹，并且有意思的是同一个体的足迹有时显得很大，有时又显得很小，小到像狗的足迹。东北虎足迹为什么一会显得大一会又显得小?

据他解释，东北虎走路的时候经常改变行走速度，速度快慢变化时，脚垫有变化，在受惊或发现猎物时，步距、速度、脚步轻重均有变化，故产生足迹忽大忽小的现象。当问到他们见过的东北虎足印上有没有血点时，他们说，看过许多东北虎足迹，但没有见到足印上有血迹。

奶头山猎虎往事

过去在长白山东北虎较多，有几十只在这一带活动。20世纪60年代前，有许多当地人见过东北虎，也讲述了一些事情。

▶ 图4　奶头山全景

讲述故事的人是一位 20 世纪 40 年代后期开始居住在这里的老人，他叫朴在汉，72 岁，朝鲜族人。

1950 年，奶头山村有 120 多户人家，在长白山脚下是比较大的村了。奶头山村三队西侧的德龙峰和角水峰一带，两头东北虎常在那里居住，1964 年前，这两只东北虎捕杀过村里的 30 多头牛。当时这里动物很多，东北虎也多。人们在奶头山一带捕捉过 3 只东北虎。

1950 年正月十五那天，东北虎进入村里。有个叫吴顺子的女士晚上出门，见到村里小道上站着一只东北虎，吓得赶紧跑回家，顾不上开门，直接撞开木制栅门跑到屋内。村民向边防站的韩站长借枪，当时用的是 99 式步枪。一位姓金的村民说能抓到东北虎。他将干木头点燃后，出去照明。东北虎见到火把，大声嚎叫，叫声大到让人感到门窗都在抖动。东北虎在地边草丛中像猫一样趴下，仅见到头。村民和边防战士一同开了枪，没有打着东北虎。过了几天，东北虎又进村了。村民中早已准备好的一个叫金龙八的炮手一枪打在东北虎头上，东北虎就地倒下了。当时，是雄是雌不记得了，但东北虎是成体，是一只年龄较大的东北虎。

▼ 图 5　地枪的布法示意图

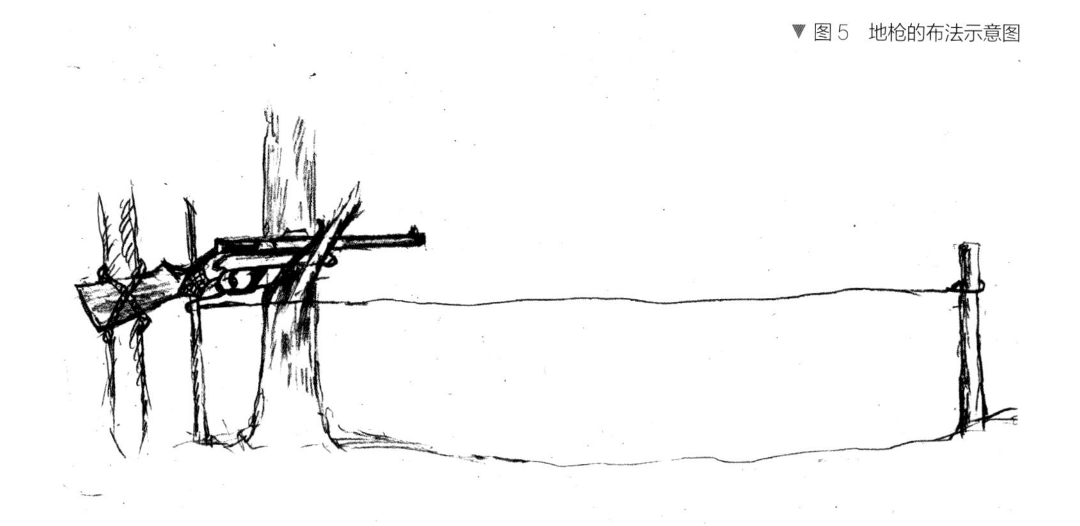

同年冬天，在奶头山村三队打过一只东北虎。三队离奶头山村约 2 千米，没有几户人家，一些后来迁入的人定居在这里。在那个年代，家家户户都要养一两头猪，逢年过节时杀猪吃肉。一般在庭院附近搭建猪舍。

也是正月，东北虎进村把一村民家养的猪杀死。东北虎进入猪舍将猪咬死后，将几十千克重的猪从围栏中拖出，拖到小河沟边 20 多米处，就地吃了起来。早晨人们发现拖痕后，沿痕迹赶到时，东北虎还在吃，见到村民，只好放弃了猎物。村民在猪附近下了 3 个地枪，准备捕虎。当天晚上东北虎没有来。第二天早晨，天刚刚放亮的时候，东北虎来了。取食猪时，它触碰了拉绳，枪响了。东北虎中弹后，跑出去 10 多米，倒在了河边。

第 3 只东北虎是在奶头山大戏台一带被枪打死的。3 个来自和龙县的猎手，分别叫石段长、金龙八和许奇，在大戏台打猎。当时，这一带马鹿、狍子、野猪很多，成群活动。他们打了半个月的猎，捕获很多野味。这是 1956 年冬季的事了，他们中一个人在大戏台看到一群野猪在奔跑，他朝那个黑乎乎的地方开了几枪。听到子弹打到猎物的声音，他们按经验判断击中了目标。前去一看，雪地上有血，但没有倒下的猎物。他们 3 人开始跟踪血迹，细看足迹后发现打中的是东北虎，它流着鲜血一直在跑。这只东北虎跑出很远，后来放慢了脚步，它流血过多，非常虚弱，没有反抗的力气了，被捕到时还没有死。

人们说东北虎是猪倌，东北虎经常跟在猪群后面游荡在森林中。

猎人猎野猪时经常带着一群猎狗，围堵野猪。当地猎民通常把借助狗狩猎的方法叫“打狗围”。打狗围的方法比较省力，猎人不用用心寻找目标，就等待猎狗把野猪赶到跟前，准确射击就可以了。

漫江镇有一位姓李的猎人，1960 年的冬天，带着狗在峰岭（现峰岭保护站）北侧柞木岗一带打猎，有一只东北虎咬住了猎狗。当时他离东北虎只有约 80 米的距离，他一枪打中了东北虎的肋部，它没有发出什么大声音就倒下了。该东北虎为雄性，体重超过 175 千克。第二天，他又来到这里打猎，就在前一天打东北虎的地方不远处又碰见了一只东北虎，他用枪击中东北虎的胸部，东北虎就地倒下了。该东北虎为雌性，重 140 千克。

东北虎非常喜欢捕食家狗，常进入村屯咬死狗，拖到林子里吃。据人们说，家狗见了东北虎就瘫了，连声音都发不出来。

20 世纪 60 年代初和后期，东北虎经常出现在奶头山大戏台一带。那时村里商店进货时，赶牛车沿林间小道去 20 千米外的二道白河村采购，采购完后再赶着牛车回奶头山，一般都是起早赶路，晚上返回。夏季赶车的人为了避免蚊虫叮咬牛和人，通常在车套上用铁桶放木枝点火，用烟驱虫等。夜晚赶车回村时，通常都点着火。当时赶车人是李松业（已 80 多岁），晚上多次见到东北虎围着牛车转但不靠近，可能是见到明火的关系吧。

20 世纪 50 年代，听说水田屯一猎民捕杀过东北虎，并把东北虎肉分给村里人吃。二道白河邮局邮递员老崔的父亲于 20 世纪 60 年代在长白山老三合水河边捡到一只死东北虎，东北虎是受枪伤后死亡的。

东北虎的历史记录

在我小时候，我的父亲和邻居们讲述东北虎的事情给我留下了很深的印象。他们在冬季头道白河几乎封冻的时候选择每周日的早上，天还没有亮就出发钓鱼了。他们常说，1970 年前后，在秋季、冬季钓鱼时，黎明时分走到大羊岔一带，常听到东北虎的叫声，声音很瘆人。东北虎经常出现在河边石崖上，他们还见到过东北虎在河道冰面上走过的足迹。

20 世纪 60 年代至 80 年代，在长白山自然保护区头道、头西、黄松蒲均有东北虎分布的记录。

1974 年 11 月 18 日，在头道白河红松阔叶林带河岸上遇到一只东北虎的新雪踪；1975 年 3 月 18 日，仍在此环境中遇到一只东北虎的新雪踪；1981 年 10 月 12 日，在红石砬子头道白河岸上红松阔叶林中遇见成年东北虎一只；1987 年据说有人在奶头山见过一只；1985 年至 2007 年，在长白山自然保护区进行野外动物调查共计 433 次，均没有见到东北虎的活动踪迹。

我们在长白山地区的安图县、和龙县、长白县、抚松县等地进行了虎、豹的访问调查，得到捕杀了 13 只东北虎的信息。从捕杀年代看，20 世纪 70 年代前捕杀东北虎个体数为 11 只，80 年代捕杀 2 只。

据文献报道，早在 20 世纪 50—60 年代，东北虎就已在大、小兴安岭消失，只在长白山脉及完达山脉还能见到一些。官方数据显示，1955 年，吉林省国营抚松药厂每年能购得 20 ~ 30 只东北虎。1975 年调查显示东北虎数量为 48 只，1984 年其数量为 12 只，1993 年调查显示其数量仅为 4 ~ 5 只，在 1998 年的调查中，确定东北虎

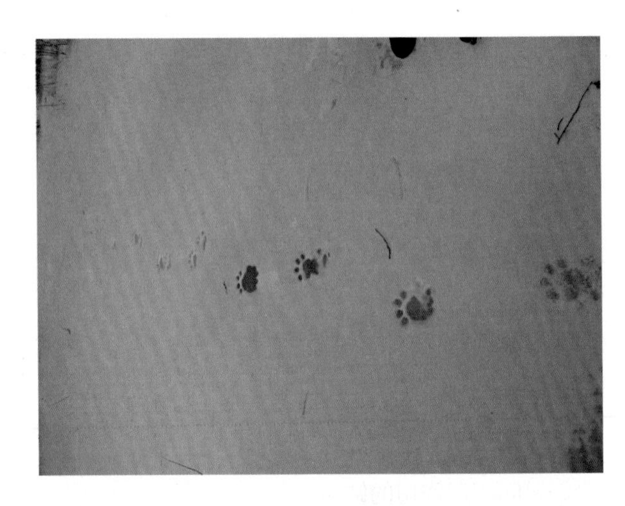

▶ 图 6　东北虎的足迹

的数量为 7 ~ 9 只，分布在珲春、汪清和蛟河一带，可见其数量稀少。

自古以来，老虎的形象深受人们的喜爱，传说、绘画、宗教中都有它们的身影，悠久的虎文化显示了虎的保护价值。

没有了东北虎的森林

东北虎曾经是长白山森林中的王者，以其令人生畏的力量深深影响着人类的灵魂世界，这一猫科动物一直深深根植于这片古老而广袤的大地上的文化、宗教和神话之中。尽管存在文化上对东北虎的迷恋，但是纵观历史，东北虎还是在和人类的较量中彻底地落败了。人类经济活动和科学技术的发展使得人类捕杀东北虎易如反掌，而且给它们的生存环境带来了翻天覆地的变化。

那么东北虎没有了会给我们的生存带来什么影响？东北虎没有了，有蹄类动物的数量就不能很好地被控制。如野猪多了，会危害老百姓的利益，这是我们最直接的感受。但还有更可怕的问题，有蹄类的泛滥会导致森林被破坏，带疾病的动物由于缺乏天敌会携带病原体生活，最后威胁到人类。对于东北虎与其他动物之间的关联以及东北虎的缺失，会对整个生态系统运转产生怎样的影响，我们还研究得不透彻，但是，它们之间相互作用的缺失会让整个生态系统趋于不稳定。

东北虎处在食物链的顶端，不仅在自然生态系统中具有调节控制系统的作用，而且是维持生态系统生物多样性和系统稳定性的关键种。通过东北虎的捕食活动，能够控制草食动物的数量，避免某物种由于数量过多而产生生态灾害。森林生态系统中如果缺失捕食者的控制，将引起林分组成改变、生物链改变、生物多样性下降等。长白山自然保护区在历史上曾经是东北虎的重要分布地，东北虎为什么会消失？它们的消失给生态系统带来了什么影响？东北虎还能回归过去的分布地吗？这些问题是值得我们关注的课题。

我们为什么要努力尝试恢复长白山自然保护区的东北虎种群呢？一是为了阻止生物多样性的丧失；另外，动物园等的异地保护只能保护生命形态中的一部分，大部分生物多样性需要就地保护，特别是在为自然保护而设立的特别保护地里实施保护。

虽然长白山自然保护区具备一些东北虎恢复的自然条件，但是，目前随着社会经济迅速发展，东北虎的自然恢复或人工引入所面临的环境压力也是非常大的，发展与保护的矛盾也非常突出。

首先最大的压力来自人口的不断增长。1910—1950 年，长白山地区大部分为无人区，只有极少数地段有居民生活，长白山北坡的安图县 1910 年全县人口总数不足 2 000 人。与长白山自然保护区相邻的二道白河镇，解放初期是只有几十户人家的小村落，近年来随着旅游业的蓬勃兴起，已发展成为县级的镇。2010 年末，全区户籍总人口为 6.5 万人。目前，约 30 万人分布在长白山自然保护区周边。

随着人口的增加，相应的基础设施也在高速建设。如近几年来，保护区及周边地区大量修建或扩建公路。保护区道路的功能也由过去比较单一的自然资源保护功能逐

▶图 7　道路

步向物资运输、森林旅游、多种经营等多功能方向转变。长白山保护区被 3 条公路分割成 4 块，而且核心区内 70% 属于海拔 1 100 米以上的山地。长白山自然保护区及相邻地带道路密度过高，导致动物栖息地被分割，降低了栖息地间的连接度并增加了人类可达性，影响了动物的迁移、种群之间的基因交流，增加了动物在道路上死亡的概率和被人类捕杀的概率。

长白山的旅游从 20 世纪 80 年代初开始，年接待人数已从开始的几百人次上升到目前的上百万人次。长白山区游客人数的急剧增加，尤其是旅客游玩时间极度集中对环境保护造成极大的压力。

目前，随着人口的增加，森林资源被大量消耗，人类与野生动物对资源的竞争矛盾更加激烈。人类过度利用森林资源对依赖森林生存的大型动物产生直接的影响，可导致许多动物迁移或濒临灭绝。如长期过度采伐蒙古栎等大种子乔木，使得许多以种子为食的动物种群数量因食物不足而不断缩减。

扭转野生东北虎种群急剧下降的趋势并使其恢复并不容易，人类同东北虎的冲突是真实的。人类搞经济开发需要扩张土地，把森林视为木材，从中获得利益，将东北虎的猎物视为自己的食物，人类窥视着东北虎的栖息地，将其视为财富的来源。另一方面，东北虎很容易捕杀家畜、袭击人类。这种冲突很容易使其遭到人类的捕杀。由此可见，想让东北虎种群回归长白山将意味着人类社会必须牺牲一些现实的利益。

今天，东北虎的生存地盘已经从广阔的东北森林缩减到不足先前面积的5%。即便在得到有效保护的长白山自然保护区，东北虎的踪迹也已经消失了。如果我们不采取行动，那么在东北其他地区还残留的很少的个体也会在人类各种现实目的的阴影下逐渐走向灭绝。

远东豹的信息

在森林里忙碌着观察动物的几十年里，每当获得关于远东豹的信息时，我就要前往那里寻找蛛丝马迹，偶尔也能看到它的足迹，可是没有见到过它的身影。但我在想，远东豹也许在什么角落窥视过我。

▲ 图8　远东豹（*Panthera pardus orientalis*）属于食肉目猫科，体长100~150 cm，尾长70~100 cm，为国家一级保护动物

▲ 图 9　远东豹。元丙昨提供

豹比虎小而细长，体长为 1 ～ 1.9 米，四肢粗短而有力，尾巴细长，体毛呈棕黄色或黄色。豹是分布最广的旧大陆猫科动物，见于非洲、中东、中亚、印度次大陆、东南亚和俄罗斯。在中国，豹和虎的分布范围基本重叠，豹有 3 个亚种，分布于东部、中部和南部。

我国东部分布的豹叫远东豹或东北豹，当地人也叫它“土豹子”。远东豹曾生活在黑龙江的大兴安岭、小兴安岭、老爷岭、张广才岭、完达山，吉林的长白山，辽宁的东部和西北部山区。但是，20 世纪 70 年代，远东豹在大兴安岭已绝迹，在小兴安岭也难见踪迹。同样，辽宁 20 世纪 60 年代后期没有远东豹的任何信息，而长白山大森林的多数地方也不见远东豹的踪影。目前，远东豹在东北地区仅见于黑龙江东部山区和吉林的珲春、汪清森林地带。

远东豹的生活环境与虎基本相似，栖息的环境多种多样，主要生活在山区树林中，喜欢出没在丘陵地带。远东豹的食物广泛，首选对象是有蹄类，也捕食小型鼠类、兔子、鸟类和两栖类，有时进入村屯捕杀家狗、家畜等。远东豹的适应性很强，擅长游泳、爬树。一般独居，多在夜间活动，善于伏击和尾随追击猎物。

远东豹通常有固定的巢穴，常筑于树丛中或石洞中，非常隐蔽。冬季发情交配，4—5 月产仔，每胎 2 ～ 3 只仔。幼崽当年秋冬离开母兽独立生活。

长白山森林是远东豹主要栖息的地方，它们曾经与东北虎在同一个区域生活过。有迹象表明，东北虎占有大片原始森林，而远东豹就在东北虎的领地外围，靠近人类居住地的地方活动。所以，20 世纪 60 年代在长白山脚下村屯里发生的咬死家猪的事件几乎都是远东豹所为。

1968 年，在只有 30 多户人家的头道保护站发生了两起远东豹闯入猪圈咬死猪并拖到圈外的事件。那几年人们经常在

▼ 图 10　远东豹在路边涵洞附近活动。远东豹足印呈圆形，大小为 12 cm × 12 cm 左右，步幅为 40~45 cm

夜晚见到进入居民区内的远东豹，在庭院微弱的油灯光线照射下，它们的两只大眼睛还能发出亮光。

1971 年前后，远东豹经常闯入二道白河村驻军部队养猪场，猎杀了一些家猪，后来两头远东豹被打死。

长白县一位猎人说，在长白山望天鹅一带有土豹子活动。我们也考察过这里，确实很适合远东豹生存，这里有开阔的草地、灌木丛，也有悬崖峭壁，山势险峻，很少有人活动。

长白山东侧广坪一带地势平坦，森林稀疏，有蹄类丰富。2010 年，白河林业局设计队的人在红石林场与和龙林业局接壤的地方见到过远东豹。告诉我的时候，他语气很肯定。

实际上，这里关于远东豹的信息很多，但是有些信息很难被认可。因为，有些人看到猞猁或猞猁足迹，也认为是远东豹。我们在几十年的野外调查中没有发现远东豹的踪迹，近几年大面积布设红外相机也没有捕捉到它们的身影。也许它们活动非常谨慎，或的确数量极少而难以遇到它们。

从 2015 年开始，我和交通部科学研究院的王云博士等组成课题组，在珲春至东宁道路上进行“道路对猫科动物及有蹄类动物的影响研究”。我们每年在路侧 500 米范围内布放相机，拍到了远东豹、东北虎、豹猫、梅花鹿、狍子和野猪等。我们在东宁老黑山镇靠珲春界的一个大沟中拍到了东北虎和远东豹，它们都在这个地方活动。我们考察发现，这个地方路边动物活动比较多，在这里看到了远东豹活动足迹，它在废弃的林间运材道上走过，步距为 60 ~ 80 cm。远东豹似乎不怎么回避公路，从公路上面穿过，到了路的另一侧，沿林间小道走向密林。我们在这一带选择了 5 个主要监测点，到目前为止仅一个监测点拍摄到了远东豹。

远东豹的数量状况不很乐观，它们的适宜栖息地逐年被分割成相互隔离的斑块，生存面临着来自人类的干扰，如道路建设、林地利用、盗猎活动等。

豹猫行为带来的灾难

小鸟惊叫的背后

豹猫的警觉性很高，在野外难得一见真容。我在长白山观察多年，常见的也只有一些豹猫的足迹和被车撞死的个体或林中死亡的个体，只有一次很幸运，见到了野生豹猫。

那是 6 月的夏天，我正在头道白河边观察中华秋沙鸭，在隐蔽棚里静静地等待鸭子的出现。我聚精会神地注视着河流上下的动静，河岸边黄喉鹀、白腹蓝鹟和褐河乌正在忙着抚养雏鸟，只有一些柳莺还在树上高歌。突然，对岸的白腹蓝鹟惊叫起来，它在低矮的灌木丛中边飞边叫，同时其他鸟类也停止了鸣叫。我的视线本能地跟随那

▼ 图 1　豹猫(*Prionailurus bengalensis*)属于食肉目猫科动物，体长 65 cm 左右，尾长 35 cm 左右，为国家二级保护动物

▶ 图 2　豹猫在河边倒木上出现，河里的水鸭子飞起，林中小鸟纷纷惊叫不停

只鸟移动，发现山坡上有一个细长的东西顺坡下来，开始以为是条很大的蛇。当我把相机对准那里，仔细一看，原来是身上布满斑点的豹猫。

它顺坡下来，爬到一根被河水冲下来的倒木上。倒木高出草地，与河流平行，长约 20 米，没有什么东西遮挡，在阳光照射下很光亮。豹猫在倒木上没有停留，低着头漫步，走过倒木的尽头，爬上坡地，消失在密林中。受到惊吓的鸟也停止了惊叫，森林又一切如旧，只听见溪流潺潺。我非常兴奋，在野外见到它实属不易。

豹猫的习性

豹猫在中国各地多山地区的树林中或多或少都能找到，它们看起来像家猫。虽然它们与家猫有密切的关系，并且会与家猫杂交，然而豹猫和家猫并不是来自一个祖先的分支。

豹猫不挖自己的藏身之处，但可以利用狐狸、狗獾的洞穴。豹猫 3 月发情交配，妊娠期为 56 天，5 月产仔，每胎 2 ~ 3

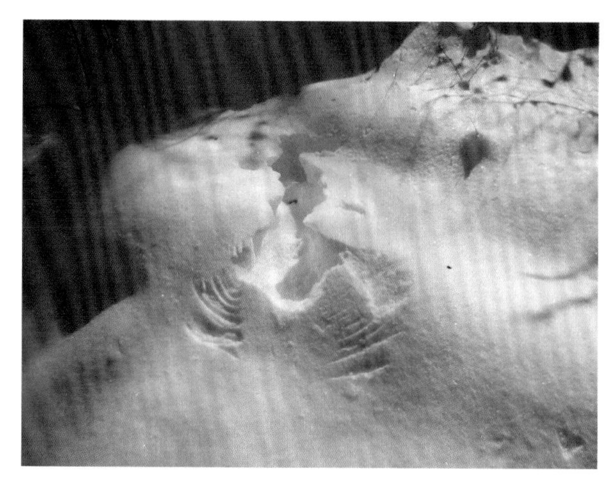

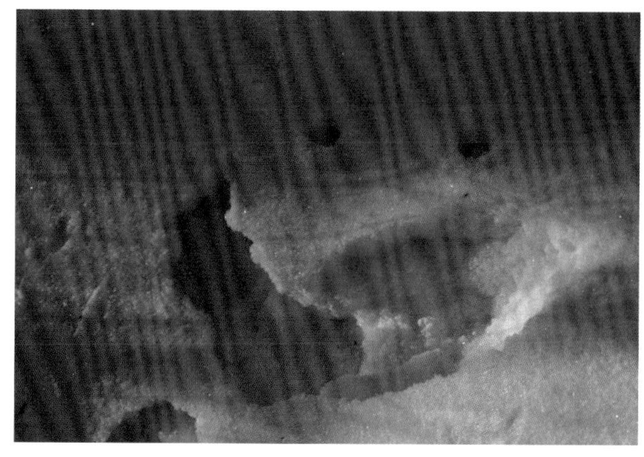

◀图3　花尾榛鸡的雪窝

只仔。它们的幼崽出生在一个安全的洞穴里，洞穴或在岩石中其他动物无法接近的地方，或在一丛倒下的树中。雄性豹猫并不帮助抚养幼崽，小猫会和它们的妈妈在一起待上几个月。在这段时间里，妈妈会照顾它们，保护它们不受任何敌人伤害。

在一年的大部分时间里，它们都是一种孤独活动的动物，在森林中、河边和村屯之间漫不经心地徘徊着。看不到它们激烈地奔跑，也看不到激烈的捕食场景，它们迈着矫健而匀整的步伐，在开阔的小路上或密林中狩猎或消磨时间。

豹猫喜欢捕食小型鼠类或在地面上活动的鸟类，而鼠类多在夜间出来活动，所以，豹猫也习惯了在夜间和黄昏出来活动，但在僻静的地方在白天也活动。当发现猎物时，它们就像家猫一样，慢慢靠近或在那里守候，抓住机会猛扑过去，捕到的食物就地吃掉。它们也和紫貂一样，吃鼠类时，经常留下鼠的胃。这可能与鼠胃里的植物口感不好有关。

豹猫经常出没的地方，也是在地面上活动的花尾榛鸡经常活动的区域。它们似乎对鸡形目的鸟类更加偏爱，喜欢捕食个头较大的鸟类。它们拥有灵巧的身体、发达的听觉和嗅觉，在林中可以悄无声息地接近花尾榛鸡。在寒冷的冬季，花尾榛鸡经常在开阔的林缘小道旁厚厚的雪被下过夜。雪被

▶ 图4　豹猫黑踪。足迹大小为 3 cm×4 cm 左右，步幅为 29~35 cm 左右

▶ 图5　雪地上的豹猫足迹

下的温度比空气中的温度高出十几摄氏度，花尾榛鸡和鼠类，甚至昆虫等在雪下避寒。这个时候豹猫很容易捕到正在雪被下过夜的花尾榛鸡或其他猎物。

除了捕食鼠类和鸟类，它们还捕食两栖类、蜥蜴甚至昆虫等。在特殊情况下，它们可能会攻击较大的动物，如野兔。尽管它们可以选择很多种类的食物，但是它们对家禽还是情有独钟。尤其是在野外食物减少的情况下，它们会冒着危险闯入居民区的禽舍大开杀戒。而且它们比较贪婪，一次可能杀死数只禽舍内的家鸡。这伤透了养殖户的心，激怒了受损失的人们，结果可想而知了。这种事件经常发生，不知有多少豹猫死在了人类的手下，豹猫为自己的行为付出了巨大的代价。

对于豹猫来说，几乎没有要捕杀它的天敌，对它们构成威胁的是更可怕的东西，即广泛使用的灭鼠药和农业用的杀虫剂等化学产物。在用灭鼠药杀死森林、农田中的鼠类，用杀虫剂杀死大量的昆虫的同时，豹猫也被一并杀死。

目前，人们还迷恋用药物来控制对人类经济产生影响的所有生物，还没有深刻认识到生物之间相互控制的科学原理。在这样的背景下，它们被毒死，它们被赶到了更偏远的地方。它们曾经居住过的地方，随着时间推移逐渐抹去了它们的踪影。

◀图6　豹猫死在道路上

黑熊和棕熊的故事

黑熊和棕熊的生活习性

对动物学家来说，熊是一种美丽的生物，它在长白山原始森林与人类一同走过了几百年的历程。随着人类的定居，无数的熊被捕杀，其肉、皮毛、胆等被人所用。大量的森林栖息地被摧毁，哺乳动物，如斑羚、梅花鹿、狼和大型猫科动物都处在消失的边缘。如今熊的家族在世界许多区域濒临灭绝。

在我国，熊科动物有大熊猫、马来熊、棕熊和黑熊 4 种。大熊猫仅分布在甘肃南部、陕西、四川，2005 年国家林业局调查估计数量约为 1 500 只；马来熊在我国曾分布在西南地区，但现在估计也已灭绝；黑熊和棕熊的分布较广，其数量为 7 000 ~ 20 000 头。

▼ 图 1　黑熊（*Ursus thibetanus*），体长 170 cm 左右，尾长 10 cm 左右，为国家二级保护动物

◀图2 黑熊

◀图3 冬眠前游荡的黑熊

长白山分布的熊类有两种，一种是黑熊，另一种是棕熊。有趣的是两种熊生活在同一区域，领域有些重叠，不过它们各自有比较固定的活动范围。虽然二者是同一科的动物，但在生活习性、食物、栖息地选择等方面还存在一些差异。

在长白山红松和蒙古栎集中分布的森林中，常见到黑熊的足迹、粪便和取食痕迹。黑熊在东北土名叫“黑瞎子”，据猎人说，它们的眼睛很小，颈部两侧的毛特别长，两侧长毛遮盖它们的眼睛，影响了视力，故得此名。

它们之所以对红松种子尤为喜欢，是因为红松种子含油脂多，能满足黑熊越冬前积累足够脂肪的需要。黑熊体内皮下脂肪很厚，背部皮下脂肪厚度达几十厘米，臀部达 10 厘米左右。在大雪封山的冬季，大约 11 月末，黑熊在摄取足够能量后开始蛰伏冬眠，东北话为“蹲仓”。

黑熊一般选择大树洞冬眠。树洞朝上的为天仓，靠近地面的为地仓。它们有时也在大倒木根下挖坑为仓，或在石洞里越冬。

棕熊这种动物主要分布在温带、寒温带及寒带地区，在长白山则更常见于海拔较高的森林中。最有趣的是，棕熊随着纬度变化体色也有变化。在南部为黑色，越往北毛色越浅，接近淡褐色，这和我们在影像中或公园里看到的毛色差别很大。

▼图 4　棕熊（*Ursus arctos*）属于食肉目熊科，体长可达 180 cm，尾长在 10 cm 左右，为国家二级保护动物

棕熊似乎不在意蹲仓，在雪地上走来走去，寻找食物。如果碰到严寒气候，它们偶尔会短时间冬眠，当地人叫“走驼子”。棕熊个头较黑熊大，比黑熊强壮，容不得黑熊进入它的领地。它们经常漫步在森林中，维护自己的势力范围，寻找任何可食的东西来充饥，特别喜欢捡食死亡的动物的尸体，或捕食老弱病残的动物。猎人们曾经讲过，棕熊遇到死去的动物时总是把它们埋在土里，等肉腐烂之后，再来饱餐一顿。

棕熊看上去那么庞大，但只要不去招惹它们，它们是相当温顺的，只有在受伤后才会变得非常可怕。公熊在发情期很凶猛，经常在原始林里游荡，袭击各种动物，甚至连榛鸡都追赶。

棕熊在树根下面、石缝中，甚至地下做穴。它们非常喜欢钻岩洞，不仅冬季蛰伏在里面，甚至在温暖的季节也不离开。棕熊很晚才进入冬眠，有一些个体甚至会在原始森林里游荡到 12 月。它们不喜欢爬树，可能是由于身体过重。

实际上熊类特别喜欢吃肉，也是狩猎高手。它们不仅力气很大，而且还有一对坚硬的犬齿和约 8 cm 长的爪。虽然它

◀图 5　棕熊

▶图6　棕熊隆起的肩胛骨

们奔跑速度不是很快，但是依靠技巧和智慧，能够捕捉马鹿、狍子、野猪等大型动物。尤其是棕熊，它们在马鹿经常下河饮水的鹿道上埋伏等待，当马鹿进入有效攻击范围时猛扑过去，用粗大有力的前掌拍打猎物致其死亡。

有一次，我们顺着鹿道从长白山对子沟攀登张草帽顶子进行考察。爬过陡坡，在平缓的草地上我们目睹了一处动物捕杀猎物的场景——一只棕熊在这个鹿道口伏击了一头雌性马鹿。这只棕熊就地吃了猎物，吃饱后开始清理周边的小灌木和草，

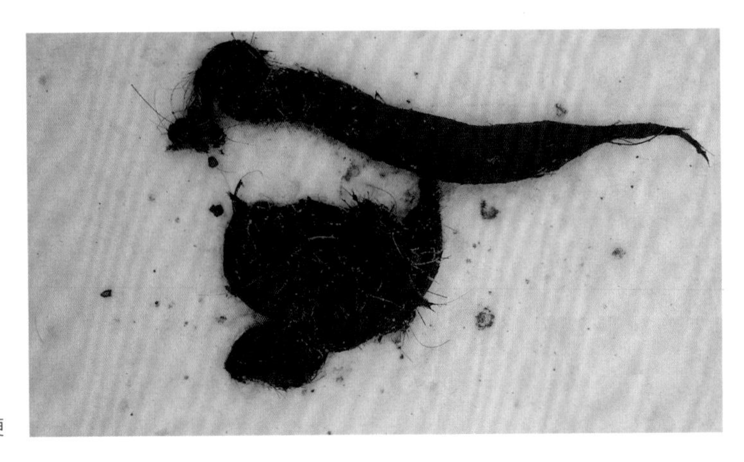

▶图7　熊的粪便

▲图8 笃斯越橘

▲图9 软枣猕猴桃

开出几百平方米的开阔地，显示它的战绩。随后它把吃剩的部分用土填埋，并在附近就地休息，守护战利品，周边到处是它的粪便。当我们进入该地时，空气中仍弥漫着浓浓的腐臭味，还有熊特有的气味，这些都是它在这里生活的印记。

森林中的黑熊、棕熊等动物非常喜欢食野蜂酿造的蜜。黑熊经常夜间光顾养蜂场，用前肢搬走整个蜂箱，在隐蔽处大吃一顿。它们不怕蜂蜇，用灵巧而有力的爪子扒开地下或树洞里的蜂窝慢慢享用。熊类靠力气征服地下或树洞里的蜂巢，但是并不能征服所有找到的蜂窝。

长白山许多区域里长满了笃斯越橘，它们喜欢生长在土壤贫瘠的火山灰堆积的林地上，从高山至海拔600米范围内均有分布，多成片或成块分布。6月到8月中旬越橘丛结满了果实，这些浆果一直是黑熊和棕熊喜欢的食物，且更适合幼崽们食用。

随着越橘的开发利用，2005年前后，大部分越橘成片的林地被承包给个人经营管理。为了了解越橘园情况，我访问过几家经营者调查关于吃越橘的动物的情况。他们说，熊会大量食越橘，吃的时候坐在地上，用前爪抓住越橘树，连拔带吃。此外，吃越橘的还有花尾榛鸡和松鸦。

受科学家关注的熊幼崽

我从 1980 年开始在长白山观察黑熊，已经几十年了。熊是我的观察对象，也是我一生最感兴趣的大型哺乳动物之一。

在这几十年的时间里，我收集了关于熊的数量变化信息、繁殖和捕食等生活习性信息以及猎杀熊、熊伤人等各方面的信息，研究了这个物种的数量动态和生存的适应性，每一项研究都把更多的谜团摆到了我的面前。

尽管熊尽可能地保持着自己的领地，但是栖息地的丧失、沉重的捕猎压力，以及人类的不容忍和无知使得这一物种数量在长白山自然保护区有一段时间处于不稳定的状态，几度少得让人担忧。多年来，野生动物管理人员一直在摸索着解决方案。直到最近，该地区才出现了一些得到保护的迹象。

▲ 图 10　野外常见熊剥冷杉树皮的痕迹，有人说熊可能喝树皮下流淌的液体

▲ 图 11　熊留下的痕迹

◀图 12 熊爪痕

为了更好地了解一个物种的生态，我的研究常常要跨越几十年的周期，对于大型哺乳动物来说尤其如此。因为它们的数量比小型动物少，而且寿命也相对较长，使得获取数据的难度加大，积累速度也较慢。

让我欣慰的是，每年在长白山保护区里都能见到黑熊和棕熊那强有力的爪子留下的印迹，这些爪印出现在森林山坡上、路边小道上、河滩沙地上或树干上，这些迹象表明熊还在顽强地生活着。

观察黑熊这样隐秘活动的动物，最有效的方法是跟踪它们，寻找足迹、粪便、食痕、抓痕等痕迹。这些痕迹述说着黑熊的活动距离、族群大小、食性以及领域行为。它们的痕迹还可能会透露一些我们寻找的未知因素。

了解一个物种后代的存活率和死亡率，对于确定一个物种在某一地区的生存状态至关重要。黑熊通常每隔一年繁殖一次，每胎生两三只幼崽，很少有 4 只幼崽的。黑熊在冬眠中完成产仔，产下 100 多克重的小宝宝。雌熊会花掉一年半的时间来喂养它们，之后雌熊就可以再次繁殖了。

大多数研究人员报告说，在离开母亲后，黑熊幼崽的死亡率很高，也有研究报道，母熊有在窝里吃幼仔的情况。在长白山，人们对这个早期阶段知之甚少，因此，当我漫步在森林中考察熊时，时常额外关注熊的幼体数量。

近几年来，我们利用红外相机技术拍到一些熊的镜头。头一次拍到一只母黑熊领着小皮球模样的双胞胎宝宝行走，两只宝宝一边一个，紧跟在妈妈后面。大多数照片只拍到一个或两个成体。多年来，我通过分析在野外看到的足迹发现，黑熊幼体很少。但至少还有一些幼体出现在我们的视线中，多少找到了安慰。

对于黑熊来说，春天觅食相对较难，它们通常会减轻体重，如果幸运的话，它们会保持体重。在长白山脉，春季熊吃草，还有一些年前遗留下来的浆果、寒冬死亡的野猪，还有正在冰下即将出蛰的两栖类。在夏天和秋天，黑熊觅食比较容易，它们会吃森林中的青草、野蜂蜜、蓝靛果、越橘等

▼图 13　带幼体的黑熊

◀图 14　熊吃猎物时，常把动物的肠或毛皮挂在树上。这种行为和虎、豹行为相类似

浆果。秋天森林里各种食物更加丰富，如红松种子、蒙古栎种子、各种果实、蘑菇等都是熊类积累脂肪的主要来源。熊的最关键的季节是秋天，新陈代谢的变化使它们积累了肥厚的脂肪，这对于忍受冬眠时期的严寒是非常重要的。如果没有这种天然的能量和营养，熊就会死在洞穴里，或因缺少乳汁而失去幼崽，或者使幼兽在来年春天食物充足之前因抵抗力弱而饿死。

遭遇黑熊

1985 年 11 月的一个雪后寒冷的早晨，我们走进离大羊岔河不远的森林里做调查。地上覆盖着白雪，雪深不足 8 cm，雪上是错综复杂的动物足迹，紫貂、黄喉貂、狍子、马鹿、野猪、原麝……许多动物在这里自由自在地活动着，野兽多得简直像个动物乐园。林间小道上 3 只狍子被我们惊起，拔腿就跑。又走了不到 1 000 米，遇到两头趴卧的大马鹿，它们在仓皇逃离中忽地站立在我们面前，吓了我们一跳。旁边的白桦林中传来野猪的响声和小猪的尖叫声，可爱的小松鼠嗖地一下从一边蹿到另一边树上去了。

我们走到头道白河的二岔河小溪边，在稀疏的林间地上停了下来，准备休息片刻，喝点水。幽静的树林里只有啄木鸟凿木声、山雀群觅食时发出的细细鸣声。一阵寒风吹过，树木之间摩擦着发出奇怪的声音，有时很像人的声音。看似寂静的森林，其实充满着灵气。休息了片刻，我们正准备离开，突然听到不远处传来均匀而沉重的脚步声，接着传来了树枝折断的咔嚓声。脚步声越来越近。在灌木茂密，倒木纵横的坡地上，我们看见几棵小灌木在晃动，接着看到黑乎乎的东西在缓慢移动。我意识到这是一头熊，它正从小溪沟的缓坡上走过来，时常停下来在地上刨来刨去，又在腐朽的倒木上寻找着什么东西。

我们停下了脚步，注视着它，熊在离我们不足 50 米的时候似乎察觉到什么，开始抬头摆出嗅闻动作，头朝向我们。突然它发出了短粗的吼声，并移动着沉重的身体离开，身体

▶图 15　黑熊经常上树，在树上折断树枝铺成坐垫，在那里乘凉休息

◀图 16　棕熊足迹。棕熊成体足迹一般比黑熊大，前足宽 12~14 cm，后足宽 15~20 cm，长 26~30 cm

◀图 17　黑熊足迹。黑熊成体前足宽 10~11 cm，后足宽 15~20 cm，步幅为 90~100 cm

与树枝碰撞发出的摩擦声逐渐变小，不一会儿工夫这头熊消失在树林中。我们都太紧张了，屏住呼吸，听不到任何响声，只觉得森林里格外平静。

随后，我们观察了熊的足迹，测量了足印大小和步距后做出估计，这头黑熊身长约 1.8 米，重达 250 千克，毛色深黑。

接着，我们顺着黑熊来的方向，跟踪足迹走了几千米。这头熊是沿着河沟移动的，它在小河沟里翻动了许多石头，分明是为了抓河里冬眠的中国林蛙。它是在离河不远的大红松根下过的夜，趴过的窝与野猪窝相似，地面上没有铺任何东西。看样子它在这里已经过了几个夜晚，窝内光滑，窝旁边还有几堆排泄的粪便。

我们仔细查看了粪便里的东西，种类还很多，有野猪毛、骨头、杂草和浆果种子，还有无法确定的黑色黏稠物，可能是蛙类或其他动物的混合物吧。当天排泄的粪便臭味非常浓，很远就能闻到臭气。

它的居住地附近的臭冷杉树干上有几道鲜明的爪印，爪印最高处距地面 2.8 米，爪印宽 16 cm。我们又在不远处的几

▲图 18　棕熊刚结束冬眠后的卧迹

▲图 19　棕熊常在这棵树上挂爪，标记自己的领地

棵树上发现了这头熊在不同时间留下的爪印。根据痕迹新旧程度分析，我们觉得应该有几个月的时间了。这说明这头熊经常在这一带活动，也表明了这里是它的领地。熊一般常用爪痕标记自己的领地，也用尿液或身体摩擦留下气味标记自己的领地。

我与黑熊的二三事

1984 年的春天，我在 10 年前的森林采伐迹地上统计鸟类时，因听到鸣声奇怪，也不好确定是哪一种鸟，我举枪打下了这只鸟。没有想到这一枪惊动了我身边不远处的熊。我听到熊的惊叫声和向我这个方向奔跑发出的脚步声，还有熊奔跑时折断树枝的声音。我感到熊越来越近了，下意识地把打过的子弹壳退出，迅速装上了独弹，靠在一棵树上，端着枪对准了熊发出声音的地方。熊可能闻到我的气味或枪药味，突然停下静了片刻，吼了一声后，改变方向，向侧面方向跑去了。跑出去一段后，又是一声嚎叫，然后渐渐消失了。

2008 年的冬天，我们 3 人去大羊岔一带调查动物数量。刚过头道白河进入东南侧的红松林中，见到 3 头棕熊一起活动的足迹。足迹非常新，还能微微闻到一些熊的气味。3 头熊分散活动，但相隔距离不远，时而会合，时而分散。我们观测记录了足迹大小，离开了那里，向东走，计划从这里穿越到头岔河、寒葱沟、二道白河的三合水，然后到去白山的大道上。距二道白河还有近 5 千米远的路程。

天下着小雪，我们刚走出 1 千米不到，3 头熊的足迹又出现在我们的前方。我们走过去看了看，它们在这里停留过，有的站立着朝向我们来的方向，它们蹲过的地方雪被坚实，还有点热气，空气中弥漫着浓烈的气味。它们一定看到我们了，然后离开了这里。

接着，我们还是朝东北方向走去。不一会儿，我们的行走路线又和熊足迹交叉了。我们感到熊在我们周边转来转去，开起玩笑了。我们觉得奇怪，商量后决定改变我们的行进方向，向正北方向走，沿二岔河返回头道。实际上熊可能受到我们的干扰，它们也拿不定主意，也在胡乱移动，结果正好和我们的移动方向重叠，造成了尴尬局面。那天，我们 3 个都觉得紧张、害怕，着急走出熊活动的地方，实际上我们惊扰了它们。

我与熊的又一次难忘相遇发生在 2014 年，我在黄松蒲四米线考察红松时。

那天，我在一棵大倒木附近发现一对鹪鹩成体正在喂刚出巢还不会飞的幼鸟。幼鸟有 3 只，停留在大倒木树根上。成鸟带虫子过来，它们张着大嘴争着要吃，两只成

▶图20 鹪鹩

鸟轮流喂着。我蹲在倒木一侧，把相机架在大树杈上，等待拍照时刻。

森林里光线不足，偶尔一束阳光进来，照亮目标。所以要想拍得理想的照片，就得等待机会了，我在静静地等待着这个时刻。小鸟不断地移动，终于移动到我希望的位置，在这个位置，光透过树木照亮了小鸟，我拍了几张让我满意的照片。突然，这对成鸟惊叫起来，开始我以为是我的存在惊动了它们。可成鸟向别的方向移动，这时我意识到附近可能有捕食它们的天敌出现了。

不一会儿，紫貂出现在倒木上，走过来。此时我赶紧对准紫貂对焦，可是前面树枝很多，没有拍到紫貂。紫貂也发现了我，很快消失在草丛里。成鸟驱逐紫貂一程后返回，鸟也很快静下来，正常喂雏。不一会儿，正在忙着喂雏的鹪鹩又惊叫起来。我警戒地环顾了四周，没有发现什么。我不耐烦地站起来，想看看究竟是什么让成鸟惊叫。这时我看到距我不远处有一个黑影突然停了下来，我以为是野猪，挪动身子想探个究竟。就在这时黑色的东西前腿抬起来，急忙转身走了，同时发出碰断树枝的咔咔声，接着是带有震动感的跑动声，然后跑动声停下来，传来惊叫声。这声音低沉而颤动，两声吼叫后就没有动静了，森林内静了下来。原来这是一头不大的黑熊，可能是被我吓着了。我还没来得及反应过来，一瞬间一切平静了。

熊在野外活动时还是非常谨慎的，人们还没有发现它时，它已经发现了人，并避开了人。所以，人们在森林中很难和它面对面相会。但有时也确实能见到它，我在几十年里已有十几次见到熊，并且大多距离远一些，有时在大沟对面，有时在山坡上，有时在河对岸，甚至还见过在树上搭建坐垫玩耍的个体。

猎熊和熊伤人

我第一次见到的熊是一只很大的死熊，猎人捕杀的熊。这只熊被用牛爬犁拉回的情景我至今记忆犹新。那是 20 世纪 70 年代某一年冬天一个有月亮的夜晚，大雪覆盖着大地，在柳丛之间的小道上，一群人赶着牛爬犁，装满猎物，浩浩荡

◀图 21　带钢丝绳套的黑熊

▶图22 腰部带套子的棕熊

荡地下山。牛爬犁上的熊特大，与大公牛大小相近，黑乎乎的，是一只黑熊。

在甄峰岭一带，当地人采用“撵仗”方法捕猎熊。几个人从山一头或沟部向山顶部赶动物，那里埋伏着蹲守的枪手，这些人找机会开枪射击。他们用这种方法，一次就打死6头熊。

漫江一带，过去黑熊很多，偶尔可见到大型的棕熊。20世纪60年代前，人们打到过两头老熊，头大，头上毛很长，当地人叫它们熊罴。据说，一头熊罴可以出油300千克左右。

许多打过熊的人讲述自己打熊的时候一点也没有害怕的感觉。有些人说，熊听到枪声就跑，有些人则说，熊用后腿直立，朝着猎人迎面走来，趁这个时候可以往它身上打好几颗子弹。

被激怒的熊非常可怕，会伤害人。过去，熊伤人的事件很多，多数情况是在打伤熊或接近熊幼崽的时候发生的。

1998 年初冬，我的一个猎人朋友去打熊时死在了熊掌下。他用枪打伤了熊，熊流着血在拼力逃命。猎人也许在想，流着血的熊，过不了多久就会死掉了。所以他顺着血迹紧跟熊走，走了几千米后，熊不再走了，躲在一棵大倒木下。当他走到倒木跟前察看时，熊突然站了起来，一个巴掌就把他打倒在地，他没来得及开枪就倒下了。熊没有走太远也死了。熊在最后即将不行了的情况下把伤害自己的人弄死了。

当动物自己的生存受到威胁的时候，其报复心非常强烈，它们会思考、有智慧、有方法。它们愤怒的力量超乎人们的想象。多少年来，在人类和动物相处的过程中，没有听说过熊主动伤人的实例。熊伤人一般发生在人进入它们的领地或母熊带幼崽时，且当熊被枪击中时，一般是逃离人的，它不像野猪会朝向人的方向猛扑过来。2018 年白河野猪伤人事件就发生在几个人用狗围猎野猪时。一个人被一头大公猪挑死，同行的人在抬受伤的人时，也因心脏病发作而在途中死亡。这些事例告诉我们，动物大多都是在人类侵犯它们的生命时才会伤害人。

对犬科动物命运的思考

赤狐的命运

赤狐和貉子还能够适应长白山森林而存活下来，但数量在下降，在野外见到它们的踪影已是难得的事情了。如果你能够在野外见赤狐一眼，你会感叹它们是多么迷人的生物。它们有细长而尖的口吻、直立的大耳朵、红棕色的毛、又长又有厚而浓密的毛的大尾巴，再加上走起路来轻盈多姿，简直是一个充满傲气的精灵形象。

可是，赤狐和狼的一些行为给人们的印象不好。较大的狼通常被认为可以威胁到人类的生命；狐狸则在许多神话和民间传说中被描绘成狡猾的恶棍。然而，狼等犬科动物对人类的攻击是相当罕见的，发生伤害人的事件概率也是极小的，但很多人仍然对野生犬科动物有着根深蒂固的恐惧和消极看法，且这种负面看法代代相传，流传已久。

▼ 图 1　赤狐（*Vulpes vulpes*）是食肉目犬科动物，体长 50~80 cm，尾长 35~45 cm

▲图2 赤狐

赤狐的栖息地多种多样，包括苔原、沙漠、森林以及城市周边。它们喜欢具有丰富的灌木和林地的边缘地带，更喜欢斑块状灌木丛、林地和农田拼凑的生境。在许多栖息地，赤狐似乎与人类紧密相连。赤狐多出没在人类居住区，因此，被认为存在传播狂犬病（有争议）、捕食家禽等野生动物管理问题。

赤狐是食肉动物，通常会杀死鸟类和啮齿类动物。它们夜间的觅食活动比白天更频繁。赤狐有很强的耐力，在追赶猎物时可以飞奔几千米，它们的最高时速达 48 千米每小时。它们听觉发达，能准确定位在地下活动的老鼠，精确地扑向猎物。它们的后腿比其他狐狸要长，从而具有超强的跳跃能力。这些特征意味着赤狐特别适合捕食小型啮齿动物。自然猎物很少或没有自然猎物时，它们把人类垃圾作为替代食物来源，也闯入禽舍杀死小鸡等，已经适应了人类的居住环境。

犬科动物捕食牲畜、家禽是一个残酷的现实，很难处理。为什么犬科动物会进入人类生活圈并和人类发生冲突？ 回顾过去，答案不难找到。长期以来，犬科动物遭受人类迫害是不可否认的事实。一方面，它们侵犯了人类的经济利益，一旦它们捕食了家禽，就会被人类捕杀，死于毒药、套子、踩夹等。另一方面，为了防止鼠类危害树木、农作物等，人们采用剧毒灭鼠药，毒死大量鼠类和鸟类等，犬科动物误食了中了毒药的鼠类而死亡。人类与犬科动物的冲突应该是人类自己造成的。人类通过各种途径减少了它们的食物，那么为了生存，它们要么对家禽下手，要么就离开自己的家园，去能生存的地方。

▶ 图3　赤狐的足迹。赤狐足印大小为 5 cm×6.2 cm 左右，步距为 50~70 cm

▶ 图4　狐狸的粪便

实际上，影响狐狸生存的因素很多。除了狐狸作为害兽被人类广泛捕杀外，猞猁和狼都有杀死成年狐的记录。赤狐几乎没有天敌，可是当它们在道路附近活动时常被车辆撞死。

狂犬病和寄生虫也是犬科动物的大敌。赤狐是多种寄生虫的宿主，生活在欧洲的赤狐有至少 50 种寄生虫。其中影响最严重的一种寄生虫是寄生在皮肤上的螨虫。这种疾病的流行，使 20 世纪 70 年代和 80 年代一些地区的赤狐数量下降了 70% 以上。

在人类占主导地位的生态系统中，野生犬科动物面临生境退化和破碎化、疾病和人类捕杀等的压力，正在全球范围内衰退，许多种类走向灭绝。长白山森林里的犬科动物也是一样的命运，有些消失了，有些濒临消失。在我的野外调查记录本中，最后见到赤狐的日期是 1997 年 6 月 23 日。那是去长白山浮石林的土路上，我发现了它的足迹和捕食花尾榛鸡的痕迹，之后一直没有记录到任何信息。

尽管受到各种压力，在个别的山区，赤狐还是活了下来。据文献记载，赤狐的迁移距离一般为 5 ～ 50 千米，但也有记录表明其迁徙距离可达 400 千米。由此可见，它们会离开不

◀ 图 5　被放生的狐狸可能携带病菌，传播疾病

接纳它们的地方，长途跋涉去适应新的环境，这样可以有机会很快从种群减少中恢复过来。

消失的犬科动物

犬科动物是一种迷人的社群生物，在生物学上是一个神奇的家族。全球犬科动物共有 35 种，其中至少有 9 种已处于濒临灭绝的地步，还有北极狐等大多数种类，无法确定它们面临的威胁有多么严重。中国有狼、豺、赤狐、貉、沙狐和藏狐 6 种犬科动物，长白山森林记录有狼、豺、赤狐、貉 4 种犬科动物。

在人类还没有涉足长白山大森林的时代，这些犬科动物可能是这片林海的主人，主宰着这里。当人类开始在长白山森林里居住，并大量开垦土地、采伐森林、放牧时，原来的自然面貌被改变了，动物生活的空间和宁静被打破了。有些

▼ 图 6　狼（*Canis lupus*）为食肉目犬科动物，体长 100~160 cm，尾长 33~55 cm

种类的动物经不起环境的变化，退出了自己的家园。有些种类走到艰难的地步，在消失的边缘徘徊着。

那么是什么原因使它们在资源如此丰富的森林环境中逐渐走向这般地步的呢？这是值得我们思考的问题。答案可能需要在漫长的历史长河中、人们的记忆中和犬科动物留下的痕迹中寻找。

犬科动物豺对于我们来说是非常陌生的一个物种，人们几乎没有在野外目睹过它们的面孔。它们成群活动，能捕猎比自己体形大得多的猎物。豺的地理分布范围很广，人们可能会认为一定很常见，但从研究报道来看，事实并非如此。

在中国，除了海南岛外的其他地方历史上均有过豺分布的记载。但最近几年，长期野外放牧的人和经常打猎的人几乎见不到豺了。它们似乎无处不在，实际上却又哪儿都不存在。

在长白山地区，豺只不过是文献记载过而已，也许很早以前曾存在过。20 世纪 50 年代以来，已没有人见过或猎捕到豺了。民间流传着的故事中它如何厉害，森林里的所有动物都害怕它等神乎其神的传说真的是传说了。

狼是众所周知的动物。据猎人讲，20 世纪 60 年代在长白山苔原带和高原草地环境中人们打过两头狼。1975 年，还有当地人在二道白河水田村附近打死一只狼，之后再没有任何信息。老人们回忆说，20 世纪 50 年代前安图县松江镇农村有狼，村子附

▶图 7　豺 (*Cuon alpinus*) 属于食肉目犬科动物，体长 88~110 cm，尾长 40~50 cm

▶图8　野生狼

近的树林里晚上能听到狼的嚎叫声，还发生过伤害小孩子的事情。实际上，长白山周边农村里的老人都有当地有关狼的许多故事，说明过去狼还是很多的。但是，从时间来看，狼在 20 世纪 70 年代后期就在这里几乎消失了。

貉是唯一在北方冬眠的犬科动物，貉的特殊行为对研究生命科学意义重大。但是，过去广泛分布的貉如今在以往分布的地区很少见了，在有些地方已经区域性灭绝。近 5 年来，我们在长白山通过样带调查和红外相机大样地监测，仅发现了 2 只貉的足迹。目前野生貉种群数量少得不得不引起人们深思。

国内外研究显示，貉在许多地区都在减少。那么是什么原因导致适应性如此强的貉走向这般地步呢？虽然还没有可信的解释，但学术界普遍认为，除了猎杀和环境恶化，更重要的因素可能是狂犬病等疾病。

许多案例告诉我们，在一个生态系统中，缺失了顶级捕食者，那么这个系统会呈现严重的病态。值得庆幸的是，国际上非常重视犬科动物的保护，越来越多的人和环保组织正努力消除人类对犬科动物的恐惧和偏见。人类应该很好地认识该类动物，改变观念和态度，增加宽容，促进和谐共存。而且我们亦应认识到所涉及的问题极其复杂多样，彻底改变人们的观念将是艰难的挑战。

02 草食性动物

长着獠牙的食草动物——原麝

原麝的习性

原麝是一种特殊的麝类，它和河麂一样，身高半米，身长 1 米左右。其后腿比前腿略长，因此，当四脚落地的时候，臀部略微翘起，走路急而不稳。原麝头匀称而很

▶ 图 1　原麝（*Moschus moschiferus*）属于偶蹄目麝科动物，体长 65~90 cm，尾长 4~6 cm，为国家二级保护动物

a

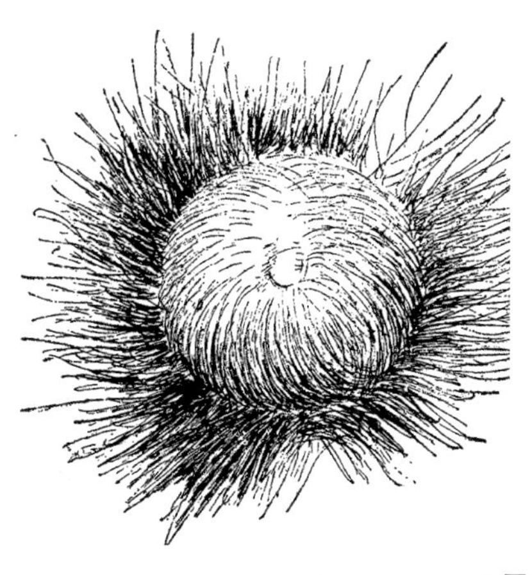

b

◀图 2　原麝香腺部位图（图来自东北兽类调查报告）

小，脖子长，两眼呈黑色，鼻子会动弹。这种个头不大的麝没有面腺，雌雄均无角，无足腺，也没有泪窝。然而，大自然赋予它们两颗獠牙，母麝獠牙小而不露，公麝獠牙又长又尖，向下伸出 5 ～ 6 cm。原麝的毛色一般是深褐色，带花斑，毛曲折如波浪，粗糙、干燥而脆。

跟其他有蹄类不同的是，原麝有胆囊，雄性原麝肚脐部有带气味的麝香腺，腺体分泌物有浓厚的香味，发情期公麝身上经常放出一种强烈的香味，“麝香”的名称由此而来。

原麝性情孤僻，多独居，晨昏活动，白天休息。它们栖息于多岩石或大面积的针叶林和针阔叶混交林中，很少见于无林的山地上。它们是山地动物，能敏捷地在险峻的悬崖峭壁和深雪地上走动，在林中经常走在倒木上，具有攀登斜木的习性。它们善于跳跃，跳跃高度达 2 米以上，视觉和听觉灵敏，遇险则隐藏于岩石中。原麝每年 11 月份开始交配，怀孕期长达 5 ～ 6 个月，每胎一般产 2 只仔。公麝在发情期麝香腺分泌旺盛，叫声尖而凄厉，争雌激烈，互相搏斗，常常给对方造成严重创伤。

原麝的地理分布很广，北达西伯利亚，南及尼泊尔，向北分布到泰加林区以内，在我国分布在新疆、山西、内蒙古、黑龙江和吉林。19 世纪原麝从新疆消失，在我国的分布区逐年缩小，许多地方已经很难见到它们的身影。

麝窖

原麝肉带有一股气味，有的说是松香味、有的说是青苔味，还有的说是杜香味。原来凡是原麝栖息的地方，这 3 种东西都有。通常情况下，原麝在多岩石和茂盛的苔藓地衣的针阔叶混交林和针叶林中食针叶和松萝地衣。有经验的猎人看看环境就知道有没有原麝栖息。

▶ 图 3　原麝多活动在有苔藓地衣和倒木多的环境中

▶ 图 4　原麝喜欢活动的生境

据历史记载，捕猎原麝有用猎狗追捕、用绳套捕捉等许多方法，过去常用的一种捕猎方法叫麝窖法，选择在原麝经常活动的多岩石和茂盛的苔藓地衣的针阔叶混交林、针叶林中布窖。麝窖是用风倒木或枝条造的栅栏，高 1.2 米。猎人用橛子把倒木加固，以免被拽散。这种窖通常设在山里原麝常经过的小路上，栅栏中留着一些小口，设上套子。当原麝通过口子时，头钻进套子，被勒住脖子。它越挣扎，套子勒得越紧。一个麝窖长达几百米，布设几十个套子。猎民通常只要公麝，只有公麝能够提供贵重的麝香。这种方法不管雌雄老幼都能捕杀，危害很大。近代捕麝利用原麝觅食习性采取设套子陷阱方法。原麝喜好的食物为松树枝上垂挂的松萝，这种细细的长长的丝状物是一种地衣。当没有足够的食物或有喜好的食物出现的时候，原麝比较容易中人设置的陷阱。

长白山森林湿度大，适合地衣类植物的生长。许多针叶树木根系是浅表性的，风大时容易倒伏。原麝听力发达，当听到树木倒下的声音时，便奔向倒木，食树枝上的松萝地衣。人们就利用原麝喜欢吃松萝地衣的特性，在原麝活动的地方锯倒挂满地衣的树，在这根倒木上布套子陷阱，捕捉前来觅食的原麝。

◀ 图 5　原麝喜欢吃的地衣——松萝。朴龙国提供

过去猎民采用搭木架子的方法捕捉原麝。木架子高约1米左右，两头留口下套子，中间用树枝点着后留下木灰。原麝喜欢取食木炭灰，补充碱性物质。利用此方法，特别容易捕捉它。

人类为什么要捕杀原麝呢？上千年来，用原麝香腺体液制作中药，家里也预备麝香用于中风、小儿惊厥症等的急救。过去一个麝香不值几个钱，到了20世纪90年代晚期，随着经济收入的提高，市场上一克麝香可以卖到百元以上。由于市场上麝香供不应求，人们一度展开了史无前例的捕杀。

今天，许多文献和地方信息表明，原麝在灭绝的边缘徘徊。在不久的将来，茂密的长白山森林中的原麝能否幸存下去也是一个未知数。

消失的踪迹

在长白山观察野生动物的那几十年里，我们见证了原麝的兴衰。20世纪80年代前期，在长白山地区原麝较为常见。原麝有集中和固定排便的习性，故在针叶林河岸或林间小道上，经常能见到黄豆般大小的粪便堆积在一起。

▶ 图6　在森林深处见到的伐木痕迹，过去猎民伐倒布满地衣的树，在树干上布套子捕猎原麝

在自然界有许多肉食性动物捕食原麝。在新落过雪的地面上，可以清楚地看出马鹿、野猪、原麝、紫貂、黄喉貂、猞猁和松鼠等留下的足迹。这些雪被上留下的动物的痕迹反映出每种动物的状态。比如，脚印不均匀，说明动物是焦躁不安的，可能是受到惊吓奔跑时留下的。我们也曾看到原麝起初迈着均匀的步伐，然后突然就一步三跳地跑掉的痕迹。是什么东西把它吓跑了？原来是一只紫貂。我们在一棵白雪覆

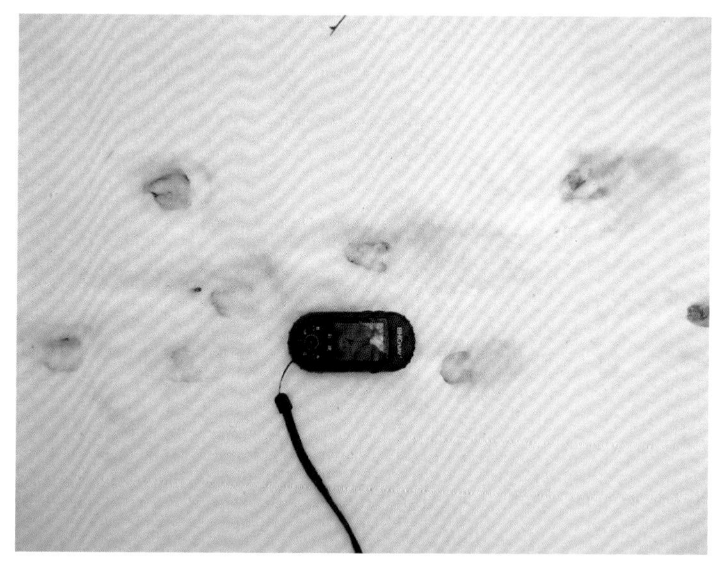

◀ 图 7　原麝的足迹。原麝蹄印较狍子小而尖，蹄印宽 3~4 cm，整个蹄印长 6~9 cm，步距为 30~50 cm

◀ 图 8　原麝粪便呈圆球形，比黄豆大一些，通常直径为 0.5~0.6 cm

盖的倒木上看到了紫貂的足迹。显然，这个小小的猛兽藏在大树枝背后，然后朝原麝扑去。接着我们找到了原麝在地上打滚的痕迹及地面上的斑斑血迹，紫貂咬破了原麝的皮。

哪里有狍子，特别是有原麝，哪里就有猞猁栖息。猞猁为了捕原麝，便在原麝经常来往的小道旁边找一棵树或一块石头，一动不动地蹲在上面，等上几个小时。肉食性捕食者对于它们要捕食的动物研究得很透彻，十分熟悉对方的脾气、习性以及对方喜欢走什么路。比如，它们知道雪很厚的时候，原麝就不愿意另外开辟道路，总是沿着一个大圈子跑。所以猞猁总是拼命追赶，直到原麝跑累了跌倒在地而得逞。那个时候，原麝较多，也经常能见到猞猁或黄喉貂捕食的原麝的残骸。

近 20 年来在长白山已经很少能见到原麝的踪影了，近几年大量布放红外相机监测，也没有获得任何有关原麝的信息。在两年前的样线调查中，我们有幸在二道白河半截河一带见到了两只原麝的足迹。

人们认为长白山原麝濒临消失的可能原因有以下几个。一是香料工业和传统医药对麝香的旺盛需求使人们对原麝进行滥捕滥猎，最终导致了种群数量下降；二是气候变暖导致林内干燥，进而影响它们的主要食物——地衣类的生长；三是一些疾病导致种群死亡。但还没有足够的证据可以证明气候变化和疾病是重要因素。

对动物学家来说，原麝是一种美丽的具有科研价值的动物。随着人类的定居，森林栖息地被摧毁，大量的动物被捕杀。长白山自然保护区的哺乳动物，如东北虎、远东豹、梅花鹿和青羊都消失了。原麝在人类的入侵中艰难地选择适合自己生存的栖息地，存活下来了。

原麝是值得研究和保护的动物之一。然而，无论是对其种群的科学管理，还是对其得以生存的适应性的研究以及调控其影响因素等，我们做得还远远不够。我们对原麝的濒危机制还没有深刻了解，还有许多奥秘需要探索。

梅花鹿、长尾斑羚和狍子的防御本能

梅花鹿的生存智慧

东北的冬季占去一年的一半时间，冬季考验着生活在这片大地上的动物们，寒冷和深雪带走了很多生命，但更多动物仍然依靠各种办法活了下来，机敏聪明的梅花鹿就是其中一种。

梅花鹿的身长介于狍子和马鹿之间。夏天，梅花鹿的毛色斑斓，全身的毛像砖一样红；体侧各有 7 行白斑，每个白斑都像苹果一般大；脊背上有一道黑色纵纹；尾巴上也长着长长的黑毛。到了冬天，梅花鹿的毛变成灰褐色，体侧的白斑几乎消失不见，结实的脖颈上长出一层挺长的毛，脖子前面和前胸的毛色比身体其他部位的毛色深一些。梅花鹿的角跟马鹿有所不同，公鹿没有前面那两根矮小的眉枝。

▼ 图 1　梅花鹿（*Cervus nippon*）属于偶蹄目鹿科，体长 100~170 cm，尾长 8~20 cm，为国家一级保护动物。冬毛为灰褐色，夏毛为褐红色

梅花鹿是东亚温带森林地区特有的标志物种，在中国东部、西伯利亚东部、日本、朝鲜半岛都有分布。它们生长在山林地带，特别喜欢丘陵林缘灌木林。它们大部分时间结群活动，性情机警，行动敏捷，听觉、嗅觉均很发达，由于四肢细长，蹄窄而尖，所以奔跑迅速，跳跃能力很强，尤其擅长攀登陡坡、连续大跨度地跳跃，动作轻快敏捷，姿态优美潇洒，能在灌木丛中穿梭自如。

▶ 图 2　梅花鹿母子，夏毛

▶ 图 3　梅花鹿，冬毛

梅花鹿虽然在东北栖息范围很广，但也不是随处可见的。即使长时间走在山里，要遇见它们也是很难的事。它们的温驯与扑闪的大眼睛使人类对它们很有好感。这种机敏的有蹄类动物在过去数百万年与老虎共同生活在同一片森林中，但从未被捕食殆尽。如何在野性自然的重重危险中生存下来，梅花鹿有自己的一套方法。

夏季，梅花鹿披上布满白色斑点的红棕色外衣，与周围的环境融为一体，使自己伪装起来，冬季则随着环境的变化换上灰色的毛躲起来。梅花鹿听觉敏锐，能够很快判断森林中大动物的活动方向以及危险的来临，也能够利用鸟类的报警鸣叫声判断天敌来向。梅花鹿非常懂得结盟，它们常常在靠近人类居住的区域和森林较密的灌丛中躲避天敌，也常常在松鸦、山雀等森林鸟类停留的地方休息。尽管东北虎非常善于隐蔽和伏击，是一等捕食高手，但是松鸦总能从高处一眼发现东北虎并提前发出警报，仅仅几秒时间，梅花鹿就跑掉了。

由于梅花鹿具有发达的听觉，人们很难在森林中接近它

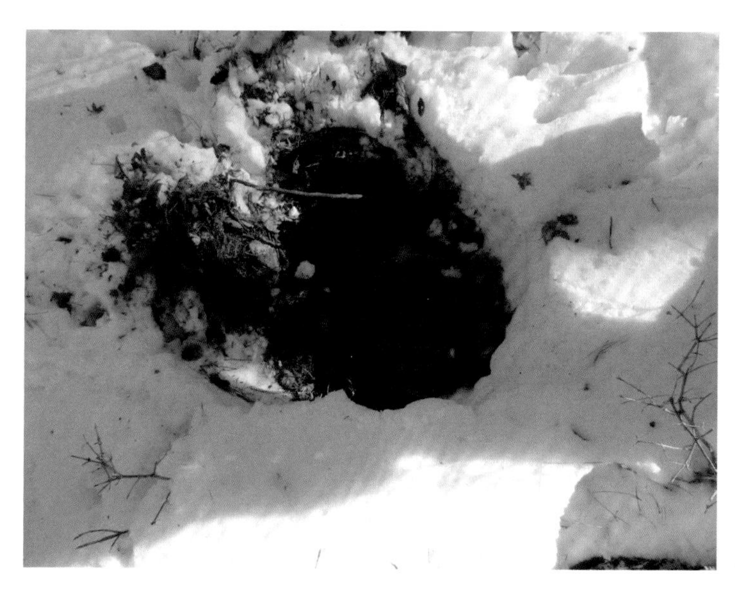

◀ 图 4　梅花鹿卧迹。梅花鹿卧迹近圆形，而狍子和马鹿卧迹偏长椭圆形

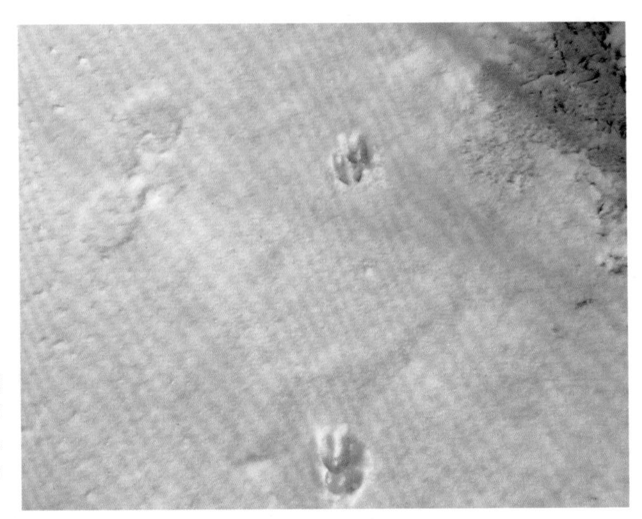

▶ 图 5　梅花鹿的足迹。梅花鹿的足迹很像马鹿和狍子，但蹄印较马鹿小，比狍子大，蹄印大小为 5 cm × 8 cm 左右，步距通常为 60~80 cm

▶ 图 6　梅花鹿粪粒近圆形，较狍子粪粒大

们，近距离观察它们。不过，在东北地区漫长的冬季，雪被覆盖的天数很长，很容易见到地上的梅花鹿足迹。沿着梅花鹿走过的痕迹，科学家可以推断它们是如何寻找食物的、是在何处过夜的、遇到威胁时是如何逃避的，甚至可以推断它们死亡的故事。

在漫长的冬季中，梅花鹿变得越来越瘦弱，灌木和萌生的枝条几乎被啃食殆尽，春天还没来临，这是梅花鹿一年中最艰难的时光。在晚冬，昼夜温差变大，白天融化的雪在夜间会结成薄而硬的冰雪层，冰层撑不住尖的蹄，故当鹿在清晨活动时，容易被薄冰层磕腿而不能快速移动，甚至被薄冰划伤。身体虚弱加上行动艰难，这个时期梅花鹿很容易成为虎和人类的猎物。同时这个季节正是虎、豹繁育后代的哺乳期，大量的鹿类被捕食。

东北虎和梅花鹿的关系非常微妙。在我国东北地区，有梅花鹿的森林往往是东北虎可以栖息的家园，梅花鹿种群数量反映了一个环境内的森林质量与食物数量。而东北虎的捕食可以去除鹿等有蹄类动物种群中不健康和病弱的个体，可以抑制有蹄类种群数量的迅速上升及由于种群密度过大而导致的疾病流行，故东北虎是维持鹿等有蹄类动物种群健康的使者。冬季雪地上交错着虎和有蹄类的脚印，展现了一个完整的食物链世界。目前中国梅花鹿的数量及分布状况令人担忧，梅花鹿已被国家列为一级保护动物。

悬崖上生活的长尾斑羚

过去曾把西藏东南、云南西北分布的红斑羚，中国东北分布的长尾斑羚，喜马拉雅山北侧分布的喜马拉雅斑羚以及

◀图7　长尾斑羚（*Naemorhedus caudatus*）　属于偶蹄目牛科动物，体长 100~120 cm，尾长 13~16 cm，为国家二级保护动物

▶ 图8 长尾斑羚的栖息地——鸭绿江大峡谷

中国中部和西南分布的中华斑羚统称为“青羊”。现在根据地理分布和形态上的一些差异，有些学者将青羊分为了 4 个独立种。

中国东北分布的种为长尾斑羚，属偶蹄目牛科斑羚属。长尾斑羚外形似山羊，但下颌无须。身长约 2 米，高 0.8 米。毛呈暗灰黄色，但头部、脊背和尾巴为深褐色，颈下和腹部呈浅灰色。颈毛较长，很像鬃毛。雌雄头上均有一对短直黑色角，角不大，向后弯。它们冬季交配，妊娠期为 6 个月，次年 5—6 月产仔，每胎产 1 ~ 2 只仔。

栖息在崎岖山间的长尾斑羚角一般不发达，过于复杂的角可能会妨碍它们来往于峭壁之间。长尾斑羚一般毛呈灰褐色，但不同个体之间毛色有差异。

它们主要栖息在险峻的悬崖上、石块堆积的山地中，植被类型为山地落叶林和针阔叶混交林。它们有较为固定的栖息场所，一般 3 ~ 5 只成群活动，也单独和成对活动。

长尾斑羚善于跳跃和攀爬山崖，能在悬崖峭壁上迅速奔跑。它们通常早晨和傍晚外出觅食，常到溪流边喝水，白天多隐蔽在石间休息，冬季喜欢在向阳的岩石间静卧取暖。冬季食物为各种地衣、苔藓以及灌木嫩枝和干叶；夏季食物主要为羊草、芳香植物、菊科的蒿草等。

在长白山森林地带，它们常结成小群在针阔叶混交林和难以攀登的石崖之间栖息。白天，长尾斑羚不出森林，夜晚才到河谷里饮水，稍有一点动静，便向石崖奔逃。针对这种情况，猎人一般分成两组，一组进入森林，另一组埋伏在石崖附近抄其后路。由于长尾斑羚只在固定的地点活动，而猎人又非常了解这些地点，故早在1902年就有学者指出，长尾斑羚的这种行为可能会让其处在种群灭绝的危险之中。

长尾斑羚不是很幸运，在过去记录有分布的地方，现已经几乎消失了。长尾斑羚是传统的药用动物，故成为人类猎捕对象。目前，东北地区其种群数量极少，许多地方已经罕见其踪迹。从长白山地区的情况看，20世纪50年代前，在长白山高山苔原带没有树的地方猎取过长尾斑羚。1975年的珍贵稀有动物调查发现，长白山地下森林一带还有长尾斑羚。20世纪80年代以后，就没有长尾斑羚的任何信息了，这说明它们正在走向区域性灭绝的边缘。

“傻狍子”一说的由来

狍子是一种身姿优美的动物。它比欧洲狍子大，长得又细又长，体长达1.5米，高约87厘米。狍子的嗅觉、视觉和听觉灵敏，长着一对灵活的耳朵。公狍子有角，角尖呈叉形，但分叉不多，单角分叉不超过3叉。8月份发情时公狍之间争偶激烈，一只雄狍常常占有几只雌性。母狍4—5月产仔，每胎通常2只仔。

狍子的毛夏季呈深赤褐色，冬天呈灰褐色，尾巴根上长着一块白毛，狍子跑的时候，屁股撅得老高，这块白毛就看得格外清楚。猎人把这块斑叫作“镜子”。狍子的保护色使人不易发现它，它的毛色常常跟周围的景色混成一片，只有这块跳动着的“白镜子”被看得很清楚。

狍子是一种非常胆小的动物，经常遭受猛兽和人的袭击，所以它们平时总是小心翼翼，极力用听觉和嗅觉来搜索任何微小的危险信号。长白山地区凡是有草地或着过火的地方都有狍子。它们不喜欢乱石重叠的高山，也不喜欢枝叶茂密的针叶林，最喜欢待的地方是开阔的沼泽草地和阔叶林。

它们通常傍晚或清晨才从树林里出来，到草地上或林缘吃草，即使这样，在一片沉寂和宁静中它们也不安心，总是过一会儿就回头看看，斜耳听听。狍子一旦被吓着，跑得飞快，跳得惊人的远，一跳可达5米远，一般的沟谷、灌木丛和杂乱的倒木堆，

▶ 图 9　长角的雄性狍子

▶ 图 10　雌性狍子

它们都能一跃而过。

说来也奇怪，狍子跟别的动物都能和睦相处，就是跟马鹿待不到一块儿。在人工繁殖场里，把狍子跟马鹿放在一起，狍子就会死掉。尤其在有盐的地方，这一点看得更明显。如果狍子找到一块有盐的地方经常来吃的话，只要马鹿一来，狍子就不来了。猎人常常发现，马鹿一到有盐的地方，狍子就离开那里，要过相当长的时间才回来。

在我国，狍子主要分布在东北、西南、西北和中部。在国外，狍子分布在乌拉尔山脉、西伯利亚、蒙古、朝鲜、缅甸。

在东北，狍子是比较常见的兽类，过去当地有句“棒打狍子，瓢舀鱼”的俗话，形容这里的狍子和鱼很多。

在有树林的地方，都会有狍子生活，它们容易接近，成为人们的主要狩猎对象。猎过狍子的人都会说狍子很傻。为什么叫“傻狍子”呢？狍子傻就傻在它的好奇性上。虽然它们的听觉、视觉很灵敏，奔跑也非常迅速，但是当受惊时，跑动不足百米距离，它们就会停下来回头张望，这时就是猎人射击的最好机会。如果第一枪没有射中，狍子通常还在原地不动，有时甚至放几枪也不会逃离，站在那里傻乎乎地等待被击毙。由此猎人们说它们是傻狍子。

我在野外观察动物时最常见到的动物就是狍子，可以接

◀图 11　狍子冬季的毛色

◀图 12　狍子夏季的毛色

▶ 图 13　狍子跳跃

近至相距十多米。相遇的时候，狍子一般抬头凝视片刻，然后迅速逃离，跑出百米左右距离后，停下来左右摆动短短的尾巴，发出粗哑而有力的“嚎嚎”几声惊叫。当我再次靠近它时，它会迅速跑开一定距离，然后还是停下来观望。实际上，

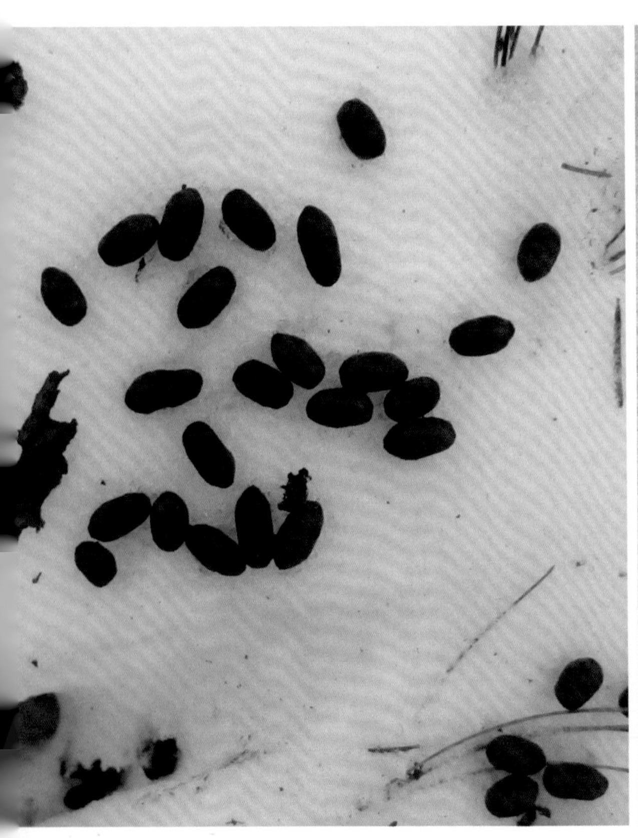

▲ 图 14　狍子的粪便

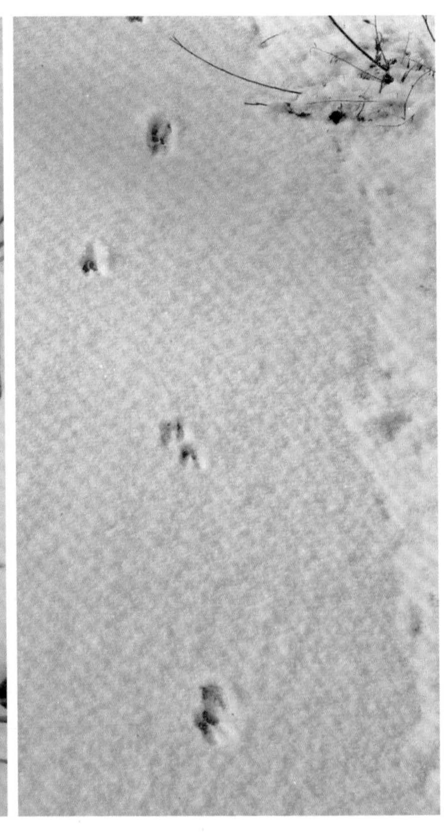

▲ 图 15　狍子足迹。狍子蹄印较梅花鹿小，大小为 2.5 cm × 5 cm 左右

狍子并不傻，它很会节约能量，不会跑出很远，先观望捕食者的动向，再做逃避的对策。但狍子这些动作行为对人而言，就傻得出奇了。

有一次见到一件不可思议的事情，被人追赶的狍子累倒在雪地上，竟然活着被人捕捉了。那是冬天即将结束的3月份，雪被很深，雪开始融化，雪有些黏，狍子活动费劲。可是这只狍子就是围绕山包转，转了两圈就累倒了。人到跟前时，它又勉强站起来，跑了几百米，这次倒下后没有能再起来。奇怪的是，狍子为什么不逃离那个人的追捕，而是执着地围着山转，直到倒下为止呢？

我在跟踪狍子足迹链的时候，发现狍子在移动过程中每走几十米或更远就要排尿一次，每次尿量不大，有时还排出粪便。它们是用尿液标记自己的活动轨迹，经常在有自己尿迹气味的范围内活动。它们习惯性地在自己走过的地方活动，觉得这里是最熟悉和最安全的地方，所以，狍子的足迹链通常是闭合的轨迹，它们每天就在几千米范围内来回走动。由此之前看到的那一幕也就不难解释了。

也许狍子的傻气是逃避一些捕食者追捕的一种策略，在充满杀气的森林世界里只有这样才能够长期生存下去。

◀图16　狍子近照

鹿道：生死之路

密林宿营

1986年，我参加了吉林省林业厅研究课题——长白山马鹿种群资源及合理利用途径的研究。我在课题组中担任技术负责人，组织实施野外调查和活捕取茸试验工作。这次试验工作对于本项目的完成至关重要，所以，我们早早就着手做准备工作。

1986年6月20日，我们3个人组成了研究组向森林进发，准备在长白山地下森林一带进行麻醉枪活捕马鹿并取茸的试验。单位车把我们送到险桥K34处，从这里到地下森林的二道白河目的地距离约4千米。我们携带的物品有帐篷，粮食、大葱、豆油、白酒、大酱，还有罐头等食品、麻醉枪1支、双筒猎枪1支、锯茸工具和消炎类、止血类药品以及一些生活用具。

▼图1　窝棚

◀图 2　森林峡谷

背着沉重的物品行走在森林中并不容易。这里风倒木很多，我们碰上单株倒木还可以，如果碰上一片倒木，我们不得不绕着走。不到 4 千米的路程，我们走了接近 3 个小时。下午 2 点钟左右我们到了地下森林河谷的二道白河边，喝水休息片刻。我在河边上下踏查我们要长期宿营的点，最后在离河约 20 米的地方找到了一块较为开阔、平坦的台地。周边没有枯立木，主要以河边生长的矮小毛赤杨为主，旁边还有很大的石头，石头面平整，适合放置物品，在这里宿营比较安全。

我们简单吃了些食品，抽着烟休息了一会儿，接下来我们要做的事情还很多，要在太阳西沉之前搭好窝棚、准备好干柴、做好晚饭。3 个人开始分头行动，动手锯木头、铺地炕、立柱、搭棚面，扣塑料薄膜……顷刻间，斧声、锯木声和敲打声回荡在幽静的谷底森林中。

经过两个小时的忙碌，窝棚搭建完了。这时太阳即将西沉，沟谷里光线也不足了。我们在窝棚前面点燃了一大堆干柴，开始做晚饭了。第一天的晚餐有猪肉罐头、大葱炒肉、咸鸭蛋、干豆腐卷大葱、咸菜，还少不了白酒。

▶图3　篝火

森林谷底黑了，茂密的针叶树林被染成黑色，透过树林还可以看见灰白的天空与树林的界限。燃烧的篝火把黑暗中的树丛、树干照亮，火焰来回摆动，四处赶来的昆虫不停地扑向火焰。除了燃烧的木头发出噼啪爆裂声，夜空中时而传来不知名的鸟的鸣叫声，还有类似狗叫声的猫头鹰叫声。

夜深了，我们的宿营地渐渐安静下来。11点多了，我还没有睡意，在篝火旁边坐下来，拨动火堆。木头不多了，我又添加了几块，火开始旺起来，热气随着黑烟翻腾，烟雾飘向不定，时而扑向我，时而直向上空而去。热气带着火星向天空中飞舞，划出一道道火线，头顶老松树的枝叶被冲得摇来晃去，繁星密布的夜空随着枝叶的晃动时隐时现。

过了一个钟头，我也困了，不知不觉睡着了，天空、繁星、火星、枝叶随着我的睡意变浓而越来越模糊不清。

第一天的野外夜宿特别漫长，我处在半睡半醒状态。朦胧中我听到露营地附近有树枝折断声，来自河的对岸，醒来后向河岸望去，却什么也看不到，也没有什么声音。我想起了老猎民讲的故事。他们在野外宿营时经常碰到熊在窝棚附近出现，说晚上做菜烧饭的味道会把熊引诱来。难道刚才听到的那个声音是熊的？我实在是睡不着了，坐在篝火旁边，看着燃烧的火苗，还不时地看看周边，听听有没有动静。深夜河流的流水声格外清晰，只有几个音节的流水声一直在重复着，偶尔一阵风吹来会有少许改变。天空上的星星移动得很快，我一直注视着的那颗明亮的星移到了树梢上。森林里一片漆黑，这是黎明已经临近的征兆。这里昼夜温差很大，天气凉爽，地面上的树叶和草叶上布满露水。

有时候，山和森林充满了魅力，使人感到赏心悦目，感叹能永远留在这里该有多好！有时候则相反，山谷呈现出阴森而凄凉的另一面景象，让身处其中的人感到说不出的寂静，有点可怕。

不速之客

一个小时以后，东方开始泛红。天空由黑转蓝，而后又变得灰蒙蒙的，夜色渐渐退出树丛、谷底。宿营地旁边石堆处一只高山鼠兔吱吱地尖叫，另一只在对面随声回应。星鸦从睡梦中醒来，在树尖上鸣叫，啄木鸟敲击树干，褐河乌鸣叫着在水面上低飞，黄腰柳莺亮起嗓子不停地鸣唱。天越来越亮，原始森林从睡梦中醒来了。

我们两个人准备出发了，留下一个人做早饭。我们俩沿着河谷向上走，这条峡谷长而曲折，哗哗的流水从中奔腾而下，流向谷底。地下森林是地壳活动形成的峡谷，这里的地形切割明显。深谷中倒木纵横，湍急的河流汩汩流过，地面和岩石上布满苔藓，给人一种神秘、荒凉、恐怖的感觉。还有那些平地上突兀的大石头，有的高 3 ~ 4 米，长、宽 3 ~ 5 米，不知是如何形成的，从何处来。

河谷边是悬崖陡壁，有几处因小溪流的侵蚀形成的较缓斜坡，动物或人可以从这些斜坡上到达河边。马鹿利用这些通道到河边饮水，长期以来的走动已形成了林间小路，当地人称鹿道。鹿道在这一带很多，小鹿道横竖交叉，连接着马鹿的取食地和饮水地，只要跟着这些路走，都能到达河流边。

我们利用马鹿每天要饮水的习性，在这一带选择了离我们宿营地较近的鹿道口，等待来饮水的马鹿。我们等了一个多钟头，没有见到马鹿。也许我们来得太迟，或者我们的行动不够谨慎，惊动了它们。

▶图4　大石头

▶图5　谷底缺口

我们仔细观察了鹿道，确有 3 头马鹿走过的足迹。这些足迹不在我们守候的路口，在另外一侧的支路上。为了下一步的工作，我们在几条鹿道上利用树干对有些分散的路口进行了堵截，留下几个较开阔，易于射击的路口。工作结束后我们回去吃早饭，休息片刻，继续沿河边调查这里的马鹿和其他动物数量情况。

我们在河边鹿道上发现一堆粪便，是昨天排的粪便，新鲜，呈灰黑色、圆柱螺旋状，有 6 ~ 8 cm 粗。经过观察，我们发现粪便里有鹿毛、草、动物骨头等。骨头是马鹿的胫骨。粪便里的骨头粗 4.5 cm，长 9.6 cm。我们在出现粪便的地方附近的小溪沟边沙地上发现几个足迹，足印大小为 16 cm × 35 cm。经过辨认，这是一头老棕熊留下的足迹，也是我见过的熊足迹中最大的。我们中午就返回了宿营地，休整一下，准备第二天早起，继续去鹿道上等待马鹿的出现。

下午太阳光正好直射在河岸上，我们赶紧把昨天潮湿的被子拿出来晒晒。没过多久，天空中出现了大块的黑云，森林里暗了很多。在河岸对面的草丛里，传来了无斑雨蛙高昂的叫声。当地人把这种蛙称为“老天爷小舅子”，要下雨时，它就会鸣叫。很快天下起了大雨，几十分钟后雨停了，顷刻间白色的雾气笼罩了森林，河流似乎沸腾了，上面也飘浮着浓浓的雾气。

窝棚里湿度增加，潮湿的气味加重。我们准备的干柴也被浇湿了，还得去寻找能引火的干柴。我们走出去很远，才找到枫桦树，剥下几片树皮，又在大倒木下捡到一些没有被雨浇湿的树叶和干枝，回到窝棚。这时天空已经暗了很多，

◀ 图6　无斑雨蛙

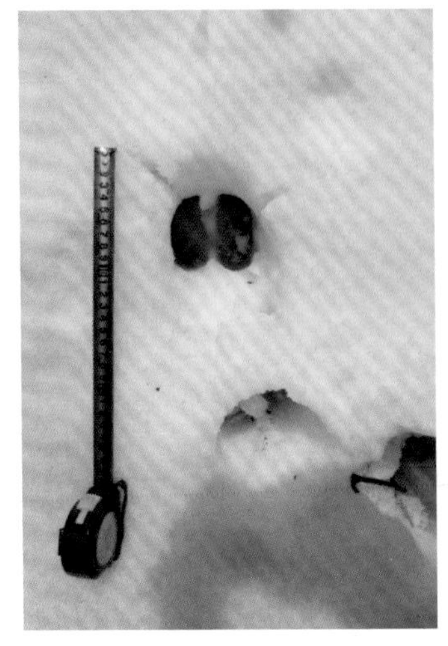

▶ 图 7　马鹿的足印。马鹿蹄印较梅花鹿大而尖。成年马鹿蹄印大小为 8 cm × 12 cm 左右，单步步幅为 45~90 cm

我们准备拢火堆。就在这时，我听到附近有折断树枝的声音，朝响声方向望去，看到一头雌性马鹿站在那里，一动不动地看着我们。我慢慢地走到窝棚里，拿起麻醉枪瞄准了马鹿，此刻马鹿发现了我们，它感到危险，转身要跑，它还没有完全转身，我已扣动了扳机，射出了注射器。

马鹿跑出去不到 100 米就停下来，回头看我们。我们知道，我们用的麻醉药一般在 1 分钟后有反应。大约 1 分钟过后，

▶ 图 8　3 头雌马鹿沿河食柳树枝条

◀ 图 9　马鹿（*Cervus elaphus*）属于偶蹄目鹿科动物，体长 165~265 cm，尾长 10~22 cm，为国家二级保护动物

马鹿的头开始低下，过了一会儿倒下了。我们急忙靠近，开始测量马鹿的体长、耳长、肩高、尾长等尺寸。拔出注射器后，我给马鹿注射了同等剂量的解药，等了片刻马鹿便醒过来了，晃晃悠悠地站起来，看了我们一眼，走了几步后奔跑起来，消失在树林里。这个机会多么难得，可是遗憾的是这是只母鹿，如果是公鹿多好，我们就可以完成野外活捕取茸的试验了。

宿营地的访客

几天过去了，我们还没有麻醉到公鹿，希望渺茫。我们放在河边阴凉地方的大葱也长了许多，叶子绿绿的挺立在河边沙地上。可是我们放在河边的豆油桶中的油不见了，原来是老鼠干的，它把装豆油的塑料桶底部咬出一个小洞口，豆油慢慢流出去了，也可能是老鼠从小口中取食了油。我们没有了豆油，只好每天喝盐水汤了。

森林中的炒菜味可以引来熊和狗獾，还有很多动物对我们的炒菜味感兴趣。许多老鼠一到夜晚就聚集在我们窝棚附近，在地上、小灌木上来回穿梭着，时而活跃，时而静下来。在野外生活，要注意食物的存放。一般人们都认为把食物挂到树枝上安全，可是不然，森林里许多动物都会爬树，如大林姬鼠、长尾蹶鼠、花鼠、松鼠和狗獾等。我们把鱼挂在树上，狗獾把它们全部叼走了。所以，食物最好放在有盖子的桶内，盖得严密一些，这样可以防止食物被动物污染。

我们在森林里度过的时光里让人印象最深刻的是，每当吃饭的时候，只要在地面上摆好了食物，马上会有大量的大苍蝇扑过来，很是麻烦。还有那些黑蚂蚁，闻到甜味，聚集在我们的窝棚里。

在这里已经是第 5 天了。清晨，天刚蒙蒙亮，我还在睡觉，听到宿营地附近有动静，是动物从河对岸经过河滩时踩河卵石的声音。声音很大，我以为是熊，赶紧起身，顺便拿起身边的猎枪，走出窝棚。眼前站着一只很大的公鹿，头上的茸足足有半米长，很粗，带有棕褐色茸毛。它站在河边，看着我，头正对着我，一动不动。我试图退几步，取麻醉枪。这时，马鹿转身离开了那里，奔向密林。这是一次绝好的机会，我却因按猎人讲的想当然地认为是熊而错失良机。

▶ 图 10　大公鹿

用猎狗来围堵马鹿

又过去了几天，这里的马鹿似乎觉察到我们的存在，不在我们宿营地附近出现了。我们每天早起，要去比较远的地方寻找马鹿，这样要消耗很多的力气和时间，所以，我们准备采用其他方法来进行麻醉活捕取茸的试验。初步方案是沿公路开车寻找马鹿，并在车上开枪射击。另一个方法是用猎狗来赶马鹿。

朋友为我们在林场借用了 4 只猎狗。这些猎狗是当地土生土长的种，看上去一点也不特别。它们的个头不是很大，有黄色和灰褐色两种体色。在这 4 只猎狗中，一只比较单薄，体形最小的母狗是这个群里的头狗。头狗是领导者，它在捕猎中起到重要的作用，可以组织一群狗分工合作，关键时刻头狗冲锋陷阵，首先扑向猎物，然后其他猎狗再一拥而上。

我好奇地问了猎狗的主人猎狗是如何训练出来的。他说，非常简单。第一个环节是选择有培养前途的小狗，从小开始带着出去，参与狩猎，猎取猎物后，分发一份食物给它，尝到野味后，小狗就有了兴趣。经过多次狩猎活动，小狗从大狗的捕猎过程中学到捕猎技巧，慢慢就积累了捕猎经验，成为名副其实的猎狗了。学习的过程决定这只狗是哪一种类型的猎狗，如最初学习的是捕猎禽类的话，那么它就擅长捕猎野禽类，成为禽犬。如果在森林里捕猎了野猪或鹿类，那么它就擅长捕猎大型兽类了。所以，最初猎捕的目标决定了猎犬的类型。

从外观上，这几只猎狗和普通的狗并没有特别的不同之处，但性格上有一些差异，猎狗一般在家很少狂叫，如家里来了客人或外人，它一般很少狂叫或有亲密的反应，在村里或野外见到不熟悉的人也不害怕，很少回避，而普通的狗则相反。它们之间最大的区别是，猎狗只认识猎枪，而不认人，普通狗只认人，而不知道猎枪。这一点，我在与猎狗接触几次后深有感触。

课题进展不如意，没有完成活捕公鹿取茸试验，我把最后的希望寄托在用猎狗围捕的方法上。我请了一位有经验的猎民，把借用的几只猎狗用卡车运到白山保护站。猎民不是这些狗的主人，但这些狗很听他的话，也许这些狗曾经跟这个人出去打过猎，它们能闻出他的气味。

傍晚时，我们到达白山保护站，住进了一间很大的房间，有 10 多个床位。猎狗也跟着我们进了房间，静悄悄地各自趴在水泥地上，没有什么表情，有时看着我们说话，似乎能听懂什么。我想给它们吃点东西，可是猎民说不用喂了，吃饱了明天就不干活儿了。我们计划着第二天的行程、如何配合猎狗等事情，谈到了很晚。

夏季的太阳很早升起，第二天天气晴朗。猎狗们早早起来，在外边活动。我背着麻醉枪，猎民背着解剖工具和双筒猎枪，走出房间。这时猎狗们靠近我们，似乎在和我们打招呼，晃晃尾巴，眼睛盯着我们，在我们身边转悠。出发时，狗在我们身后跟着，走进树林后，它们跑到我们前面。头狗在前，走一走就停下来等我们，总是与我们保持一定的距离。约走了两千米，这些猎狗就不见了，它们可能发现什么动物了。猎民说，我们要赶紧跟上猎狗。

不一会儿，在离我们不远的地方，有猎狗在叫。叫声越来越近，我们快步靠近那里。这群猎狗把一头很大的公马鹿围住，并赶向我们所在的位置。猎狗之间配合得非常出色，大马鹿就在我们的眼前，离我也就是 20 来米，看得非常清晰，大马鹿的角那么粗大，已经长成了。此刻我非常紧张，害怕又错过麻醉的机会，举枪要射击，但偏偏视线内全是灌木遮挡，挪了几步又举起了枪，视线好了一些，但大马鹿已经发现了我们，不顾猎狗的围堵，迅速转身，就要逃离。我不能再等待更好的机会了，扣动扳机，发射了注射器。我看到注射器打在了树枝上，偏离了目标。强壮的大马鹿几个跳跃就已蹿出很远。

这群猎狗很敬业，它们重新追捕马鹿，很快在比较远的地方传出猎狗的叫声。我们也急忙跑向那里。猎狗围住了马鹿，等待我们的到来。我们很快赶到，还得继续移动到麻醉枪有效射程之内，在距马鹿还不到 50 米的时候，马鹿看见了我们，它使出最大的力量逃离了猎犬的包围圈。头狗站在原地，朝马鹿消失的方向看了一会儿。猎狗们不再追赶马鹿了，它们一个个趴在地上，伸出舌头喘着气，看了我们几眼。从它们的眼神中，我意识到，它们在埋怨我们，怀疑我们不是猎人。我们也筋疲力尽了，坐在地上吸烟休息。

没有等我们起来，猎狗们自己走了。我们回到白山站，那些猎狗都在房间里趴着休息。我们走进房间，它们没有一点反应。给它们喂了从狗主人那里拿来的狗食，我用手抚摸了一下头狗。

第三天，天气还是很好，我们还是选择了前一天的那条路线，带着猎狗出发了。我们没有走多远，猎狗就进入树林里了。不大一会儿，狗叫起来，很快把动物赶到我们跟前。可是这次围堵的是一只公狍子，狍子就在离我不足 10 米的地方极速奔跑。我举起枪，但没有开枪。猎狗们看得很清楚，这个笨蛋又没有开枪。猎狗们不再追了，纷纷离开了我们，自己回去了。在后来的几天里，这些猎狗不再合作了，我们也放弃

◀图 11　猎狗

了借用猎狗来完成这项试验的想法。

不只这次我给猎狗留下不好的印象，实际上，很早以前就有很尴尬的事情发生过。那是 1976 年秋季的时候，我看护大羊岔的集体农田，这里经常有野猪出没，所以晚上我会背着步枪出来，这样可以吓跑野猪。一只大猎狗看到我背枪出来，也跟着我一起走到农田里。往回走的时候，这条猎狗离开小道，进入林内。它也不狂叫，很快把一头大孤猪（泛指身体强壮而独来独往的雄性野猪）赶到离我几十米的地方。我靠到一棵大树后，把枪举起。可是，虽然是有月亮的夜晚，仍看不清野猪，只能听到野猪奔跑的声音和碰断树枝的声音。野猪从我身边跑过去了，我没有办法开枪。猎狗又把跑过去的大野猪赶到我跟前，我还是没有办法开枪。后来，猎狗就不见了。回到窝棚，猎狗在那里休息，对我的回来没有什么反应。后来，它就不跟我出去了，有时它自己出去狩猎了。

狗有发达的嗅觉，可以发现隐藏在密林中的动物，而人有工具，二者很好地配合应该可以完成任务。当初我们想得很好，但在实际操作中，却发现达到目的很不容易。我们借助猎狗活捉马鹿的计划，最终因现场环境复杂和麻醉枪有局限性而以失败告终。

27 具马鹿尸体和熊骨架

十二道河子是从长白山东北坡发源的，被雨水冲刷出很深的沟谷，两岸矗立着针叶树、花楸和杜鹃灌木，从上到下，树木从矮小逐渐变高大。河谷从狭窄沟谷变成较宽的河谷，变化幅度为 1 米至 30 米或更宽。有很长的河段两岸是切割形成的火山灰垂直沙土面，崖壁高 20 ~ 30 米，动物和人无法通过，但沿河沟有些地方可以顺地势盘旋下到河边。夏季水多时，马鹿就沿着河边小沟谷下到河边饮水。长期以来，马鹿下去喝水已形成了小道，经常踩踏使路面鲜明。

这条鹿道是马鹿或其他动物下河饮水的通道，也是熊类获得食物的场所。熊饥饿的时候，专门在鹿道口或鹿道附近隐蔽的地方等待马鹿、野猪或狍子，在这种环境下捕食是非常容易的事情。一旦马鹿等动物进入狭窄的下河小道，熊就用强有力的前掌拍打马鹿致死，享用其肉。猎人也利用鹿道捕鹿，在鹿道上布下许多钢丝套子陷阱。鹿道多是在悬崖边缓一些的坡上形成的弯弯曲曲、狭窄的小道，而且是很陡的下河通道，在这里布套，捕获的概率非常高。

1998 年 6 月 25 日，我们在这条河不足 1 千米的河段内，靠西岸侧，见到被套死的马鹿 27 头，其中 3 头雄性马鹿的头被整个砍掉拿走，鹿鞭也不见了，其余雌性马鹿的尾巴被一一砍下拿走。剩余的肉还完好，没有腐烂，还没有喜欢吃腐肉的动物来吃。套子下在了陡崖边鹿道上靠中间部，这样即使马鹿发现了套子，也无法转回或后退，只好往前走下去，结果进入了陷阱。被套死的马鹿吊在了石崖上，它们几乎没有挣扎的迹象，脖子上勒的钢丝绳连接在乔木上。它们 4 条腿伸直，头歪着，眼睛睁着，舌头靠一侧歪斜着伸出，眼角还可以看到眼泪流淌过的湿痕，肚子有些鼓起，肉还没有变质，一副绝望的神态，看上去非常残忍。这是一个大鹿群，被勒死的大部分是雌鹿和小鹿，从肉腐烂程度来看，它们在同一个时间段来到了这个有生命源泉的沟谷饮水，然而不曾想，这个有生命源泉的地方成了它们的死亡之谷。

从这条死亡之路的位置再往下走不远，我们看到了一头熊的完整骨架。颈骨上还有钢丝套，套子连着一根 2 米长的木棍。附近又发现了猎人捕熊的陷阱设施，布设得很简单。在河边树林里，借助树木搭建了宽 1 米，长 5 米左右的廊道，两边用倒木或树枝遮挡，前后两头留下熊能通过的口，中间放了一头套死的马鹿，廊道两边通口处布了较粗的钢丝套，是活套。什么是活套？从字面上我们不难理解，被活套套上后，动物可以带着套子移动一些距离。活套是把钢丝套捆绑在截断的木棍中间，然后套子

▲ 图 12　马鹿沿石壁边坡移动

加木棍一起放在合适的位置。熊一旦被套子套住脖子或腿部，就拖着木棍乱转，转来转去，会缠到周边树干之间，越缠越紧，最后被勒死。

这种方法的好处是让动物慢慢消耗体力，最后无力挣扎而死亡。如果是固定在树干上，那么，熊凭借力量可以通过反复扭动把钢丝绳挣断。活套的好处是熊不能很好地借力把套子挣断，最后熊被慢慢勒死。我们在这里见到了已经被套死的两头熊的骨架，4 个掌骨不见了，还有熊的膝盖骨也不见了。

此外，我们还见到了熊被套马鹿的套子套住后挣脱的痕迹。套子是布在一棵胸径 10 cm 左右的臭松上的。熊被套住后，硬把捆绑套子的树干咬断，挣脱离开，但套子还勒在熊的身上，如果这个套子是勒到脖子上的，那么这头熊也许会饿死。

▲ 图 13　熊骨架

鹿道的兴衰

长白山的地质结构是火山爆发形成的，主要是水的作用构造了长白山奇特的地势地貌。河流的冲刷形成了许多切割的槽状沟谷，如地下森林、槽子河、梯子河、锦江大峡谷等都是这样形成的。鹿道的形成与河流冲刷形成的深谷有关。

这些沟谷有许多地方连人都下不去，有些地方留下了下河的缺口。河岸低洼处水的冲刷形成了侧沟，从这里可以通向河道。很多河岸边悬崖陡立，只有少数地段马鹿能通过。马鹿和马一样，有饮水的习性，所以它们经常走这里去饮水，时间长了便形成了小道。小道被捕食者、人类利用，最后导致了马鹿被大量捕杀。鹿道本应该是马鹿的生存之路，却变成了死亡之路。自然界的天敌捕杀马鹿是一个生态系统中正常的捕食者和被捕食者的关系，而人类的捕猎才是导致马鹿数量骤减的主因。

鹿道上人、鹿、熊等演绎了一场场死亡与获利的故事。

◀ 图 14　这是很久以前为了活捕马鹿挖的鹿窖陷阱。鹿窖深约 2 m，大小为 1.5 m×2 m

那几年在长白山死亡的马鹿很多，有一些人靠捕获马鹿大发横财，人类的贪婪和凶残已导致许多生灵走向灭亡。鹿道上的残酷盗猎难道还说明不了什么？

后来，随着马鹿的大量死亡，鹿道渐渐变得模糊了，开始长满了青草、灌木，只是一些地方的痕迹留存了下来，但很不明显。

整整 40 年，我追寻着马鹿，我的确是为它们着了魔。它们曾是森林精灵一样的存在，现在它们没剩下多少，将来可能会更少。我漫长的追逐结束了，所有的一切留在了记忆中。我重温着马鹿无与伦比的美丽，还有这片它曾经停留、生活过的土地。这一片如此慷慨、斑斓，与其他森林相比丝毫不逊色的土地，正期望着马鹿的回归，期望着重获生机和希望。

▼图 15　模糊的马鹿道

高山鼠兔的生存策略

空中的天敌

一个夏季的早上，我在长白山苔原带岩石堆积的地方遇到了一只啼鸣的高山鼠兔，鸣叫几声后，它转身钻进石堆缝里。当时我拿着一副双筒望远镜，蹲在大石头后面，等待它从石堆洞穴中再次现身。

那时是早上 7 点多，虽然是夏天，但长白山苔原带的天气很冷，空气中充满了水汽。一片片白云仿佛从头顶掠过，每当云从身边飘过后，感觉身体的热量被云带走了许多，头发也显得湿润起来。

◀ 图 1　高山鼠兔（*Ochotona alpina*）属于兔形目鼠兔科，体长 15~23 cm，尾隐蔽

经过一个多小时的观察，我发现刚钻进石缝的高山鼠兔从另一处洞穴中出来了。它嘴里叼着一片小圆叶，蹲在石头上，一动不动，两只眼睛注视着我，嘴不停地在嚼动。大约过了 2 分钟，它把头抬起，嗅了嗅空气，然后就地迅速钻进了洞穴里。我下意识地顺着它抬头的方向往上看，一只美丽而矫健的红隼在空中盘旋着。这个“猎人”可能比我还早就盯上这只高山鼠兔了，而这只动物也对它的天敌特别敏感，反应迅速，它们似乎在玩捉迷藏，一个要保命，一个要填饱肚子。

红隼在上空盘旋了一圈，然后在低空飞向山头，欢快地飞过山脊，飞向峡谷的另一侧。它顺风滑行，环视山的各个角落，时而振翅停顿在空中，时而俯冲。它在寻找在地面上活动的猎物，高山鼠兔可能是主要目标。

在山的西侧，很远的地方出现了鹰，距离远得只能看清它的形状与它飞翔的姿态，那是比红隼大的普通鵟在高空中

▼图2　红隼

▲图3　飞翔的鵟（一）

▲图4　飞翔的鵟（二）

悠闲地盘旋，有时可以见到两只鹰或鹰和隼在一起飞翔。我认真地看着自由自在地遨游于蓝天上的猎手们。它们那轻盈、优美、敏捷的动作给人一种特别的享受。我期望着能看到猎手们捕食猎物的场面。

又有一只红隼在空中不停地振翅，好像锁定了地面上的目标，它像射出的箭一般俯冲下来，然后又飞回了空中。脚

◀图5　高山鼠兔

▶ 图6　高山鼠兔的粪便

下没有猎物，可能是一次扑空，也许猎物比它反应快了一点。这只红隼飞到了开阔的苔原带上空，耐心地寻找机会。没过多久，它再次迅速直下，然后贴地面飞过，落到了岩石堆中。这次它没有起飞，可能是捕到猎物了，在僻静的地方享受美味。

总有一些个体落到猎手的爪子上，这是捕食者和被捕食者的生存故事。

啼叫的高山鼠兔

高山鼠兔是长白山高山地带最常见的哺乳动物，也是最能啼叫的动物之一。我刚刚涉足动物生态观察的时候对高山鼠兔产生了浓厚的兴趣，觉得研究鼠兔的生态及行为可能是一件很浪漫的事。

然而，研究动物行为不是简单或浪漫的事情。我选择了高山鼠兔作为动物行为研究对象，是因为在许多动物中，高山鼠兔是很容易接近和观察的动物。我经常看到一只高山鼠兔在觅食，当慢慢接近它的时候，只要保持安静，不晃动身体，它不在乎你的存在，它甚至会走到你的跟前，或从你的脚下某个洞穴里钻出来。

鼠兔这个名字，多少有些奇怪，鼠兔到底是鼠，还是兔呢？它们的形态看起来更像鼠，圆圆的耳朵，但没有尾巴。实际上鼠兔是属于兔类的。在分类学上，兔形目动物的许多重要特征都与其快速运动和以植物为食的特点相关。以前兔形目动物是与啮齿动物被划为同一大类的，后来发现啮齿动

◀ 图7　东北兔

物的牙齿只有一对门齿，兔形目动物有两对门齿，啮齿动物的牙齿无齿根，可以终生生长而被分开。

兔子和鼠兔同属兔形目，在个体大小上差异悬殊，很容易区分。兔科动物全世界有 61 种，鼠兔科动物全世界有 30 种，鼠兔在我国分布的有 24 种，我国是鼠兔种类最多的国家，其中 12 种是中国特有种。

高山鼠兔的食物

观察高山鼠兔取食行为是从 1987 年开始的。那年 8 月中旬我来到长白山，高海拔山脚下的岳桦树、落叶松叶子有些开始变色了，苔原植被颜色变化多样，总体呈现枯黄色，草本植物开始干枯，还可以零星地见到一些花朵。这个时候，来长白山观光的游客稀少，整个山林非常寂静，唯独可听到河流湍急的流水声，还有成小群游荡的小鸟鸣叫声。此时，高山鼠兔的鸣声显得格外清晰和动听，在没有大风干扰下，可以听到百米外的叫声。

我选择了长白山瀑布东北侧一片苔原带作为观察点，那里有许多从主峰峭壁上滚落下来的石头，堆积成岩石群。石堆周边植物生长茂盛，石堆之间还有一定距离的间隔，是绝佳的高山鼠兔观察地。我每天站在比较高的位置，用双筒望远镜观察高山鼠兔，聆听高山鼠兔的鸣叫声，记录高山鼠兔出现的位置、出没时间等。我把这些信息标注在绘制的草图上，并计算单位面积内高山鼠兔的数量。

掌握了高山鼠兔数量和个体分布情况后，接着我进行了高山鼠兔的领域大小、食物种类和冬季食物储存量等的研究。高山鼠兔在苔原带主要选择哪些植物？最喜欢吃的种类有哪些？是每个个体自己储存自己的食物，还是家族群或几个个体在同一领域一起储存食物？为了寻找这些答案，我采用了样方法调查，进行了数天蹲守观察。

在白昼较长的夏季，高山鼠兔的活动高峰通常是上午和下午。它们特别忙碌的季节是秋季，要收集草木，晾晒，运回洞穴并保存等。特别是晴天显得更加忙，这一天可以晒很多水分大的植物。阳光充足的时候，草本植物干燥得快，颜色还能保持绿色。这个季节经常在高山鼠兔洞口发现有成堆的晾晒的草，晾干后，高山鼠兔们拖进洞内贮存。下雨天高山鼠兔几乎不再叼草。秋末冬初它们已经贮存了大量的干草来越冬。在寒冷的冬季，它们白天在阳光照射的地方晒太阳取暖，大部分时间在堆积食物的地方避风和觅食。

◀图8　晾晒食物

冬季的食物也是有水分的。我们在冬季看不到高山鼠兔到河边取水的痕迹。

在红松阔叶林中，高山鼠兔的食物种类随着季节而变化。选择的食物种类以领地附近的植物为主。春季，它们吃刚萌发的草和新萌生的枝条。夏季，它们吃蕨类、刺玫瑰、刺五加、尾叶香茶菜等。冬季储存的食物中，有蕨类、蔷薇、刺五加、尾叶香茶菜、禾本科植物等。食物种类多少与环境植物组成密切相关。

食物观察中，有些人认为高山鼠兔吃一些针叶树幼树，甚至有些人把高山鼠兔也划为危害红松的害兽。但经过几年的观察，尤其是对冬季高山鼠兔储存食物种类的大量观察，我没有发现食物中有红松或其他针叶树种类。在室内饲养状态下，投放针叶树枝条和叶，它们通常不吃，但是，在没有其他食物的情况下也吃一些。研究表明，在自然界还没有发现其危害红松幼苗的情况。

高山鼠兔的安全通道

我在观察高山鼠兔时，首先要做的就是找到它们经常通行的通道。洞口和洞口之间连接的地方，高山鼠兔经常走的话会特别光滑，由此可确定这是它们喜欢的活动区域，在那里等候比较有把握。

高山鼠兔在离它们的领地约 20 米左右的地方选择喜欢的草本植物，每次叼草返回时非常迅速，一溜烟地奔跑，一次跳跃一米之远，把草放在石头上，然后钻进洞穴中。不一会儿

▶ 图 9　鼠兔栖息地附近的蝮蛇

◀ 图 10　鼠兔储存的食物

它们从其他口出来，还是沿原道去采食点，重复一样的过程。在植被茂密的地方，如苔原和岳桦林过渡带植被茂盛的地方，高山鼠兔从洞口开始，开出 5 ~ 6 cm 宽的道，形成了通向美食的通道。然后它们就像割草一样，一点点啃断草本、木本植物，运回自己的储存点，这样的行为具有防御天敌的功能。它们利用通道搬运食物时，空中的老鹰很难发现，有地面天

▶ 图 11　高原鼠兔成体和幼体

敌捕食时，可以迅速逃回洞穴。

高山鼠兔的天敌很多，适应环境和避开天敌的能力是其长期进化的结果。高山鼠兔是自然界中相对弱的生物，在长期进化过程中，它们形成了逃避危险的方法。高山鼠兔经常习惯性地钻入洞穴，躲避在通道纵横的洞穴系统中，这样可以躲避天敌的攻击，很安全。有些高山鼠兔会在洞穴中待上很长时间，甚至一整天也不出来一次。不过我注意到，在高山鼠兔经常活动的地方，常见到蝮蛇盘踞在石头上，似乎在等待哪个不小心进入伏击范围的倒霉鬼。还有一些食肉动物如，黄喉貂、黄鼬、伶鼬、豹猫、猞猁和长尾林鸮、普通鵟等猛禽经常出现在高山鼠兔活动的地方。此外，高山鼠兔的听觉发达，逃生方法是鸣叫，相互报信，然后迅速钻进洞穴，这些洞穴之间相互连通。幼体不轻易出洞，平常很难见到幼小的个体，幼体长大后分散活动。

因为高山鼠兔的天敌多，每次它们离开洞穴取草时，会在选择好一整株草后快速回到领地。到了秋末，植物水分不大时，高山鼠兔直接把草堆放在石缝透气的地方，不再晾晒了。

众所周知，鼠兔的一种策略是为了度过严寒、无草本植物的季节而大量贮藏食物。在秋天，鼠兔几乎把所有的时间都花在挑选美味食物及贮藏上。我研究的高山鼠兔进食行为表明，在冬天大部分时间里，高山鼠兔都可以吃到自己保鲜的叶子和枝条。冬季它们也偶尔在洞穴领地附近啃食灌木枝条。

草原上的高原鼠兔自己挖掘洞穴，且经常清理或扩张它们的家。洞穴系统包括4～6个入口，洞很深，通道交错，还有一些是死路。它们还会留一些小槽沟，以放置它们的粪便，保持洞穴的整洁。通道尽头的小室里填着一些干草，这里是一家子睡觉与舒适生活的地方。

长白山分布的高山鼠兔很少自己挖掘洞穴，它们主要利用自然形成的洞穴作为自己的家，树根部之间形成的洞穴、岩石堆叠形成的缝隙等都可能是高山鼠兔的洞穴。在林地上如果没有地下洞穴或石堆缝隙的话，不会有高山鼠兔出没。

高山鼠兔储存食物的地点很多，只要是不会被雨雪浇湿或不会被雪覆盖的地方都可以作为存放食物的地方。它们一般不选择把食物放入深洞里，而把食物放在透气性良好的地方。

神秘的繁殖行为

春末夏初是雌性高山鼠兔抚养幼崽的时候，它们一年生两窝幼崽，每窝平均有3只幼崽。一旦幼崽出生，雌性的活动范围就会大大缩小。它们会在窝边觅食，经常回到窝里喂养那些赤裸的还没有睁开眼睛的孩子。随着幼崽的成长，这些探望被越来越长时间的缺席替代。当它们3周大时，全身都长好了毛皮，雌性高山鼠兔可能会在那里待上几个小时。在7周左右时，幼崽开始从窝中出来冒险。

在多年的观察中，让我感到迷惑的是，在繁殖期没有见到过高山鼠兔抚养幼体的现象，看不到成体带着幼体离开洞穴，出来觅食、晒太阳和戏耍的情形。高山鼠兔繁殖和抚育后代是神秘的。它们不像高原上和草原上的鼠兔具有社会性群居现象，在野外还没有见到过几个个体同时出现在一起。一个高原鼠兔家庭通常由父亲、母亲和不同年龄的幼体组成。父亲负责照看幼崽，年长的幼体照顾它们的弟弟妹妹。它们的家庭生活与当地居民很相像，分享着同一片草原。

在原始森林里，高山鼠兔的分布与石头堆和树根部洞穴分布有关，而且，这些适合高山鼠兔分布的环境是不连续的，有的距离很远，那么，高山鼠兔是如何移动的，它们之间是怎样完成基因交流的呢？这个问题多年来一直困扰着每一个对鼠兔感兴趣的动物学家和生物学家。

答案必须在这个物种的迁移行为中寻找。它们在什么季节移动？能移动多远的距离？是雄性个体寻找雌性个体，还是雌性个体寻找雄性个体？要回答这些问题，首先要收集信息，这些信息可以帮助科学家揭开这些秘密。

奇特的邻里关系

不同的高山鼠兔个体活动范围有规律地重叠着，它们经常在一处采集食物，但不会轻易闯入其他高山鼠兔的领地。这种行为表明，它们是能够互相识别的，有很好的视力，并且可能具有识别邻居个体气味或声音的能力。

我观察过雄性和雌性做气味标记，最常见的是它们在岩石上面擦脸或排泄粪便。它们之间似乎没有攻击性举动，在求爱过程中，雄性和雌性之间有追逐发生，但仅见到一次。

我通过数天的观察发现，高山鼠兔既有合作行为又有独立性的行为。每个个体有自己的领域，自己储存自己的粮食，互不干涉。但是，它们有集体防御行为，如一旦天敌出现，它们用鸣叫来报警。

我曾做过一项试验，想看一下鼠兔是否有偷窃邻居劳动成果的行为。我把几个领域的个体移走，等到第二年春天再去看它们储存的食物，结果发现这些食物完好无损，仍保持原来的状态。这个试验说明高山鼠兔之间没有侵吞其他个体的劳动成果的行为发生。很有意思，虽然它们之间相距不远，但是没有高山鼠兔打同类的食物的主意。这是很难解释的一种行为。

03 杂食性动物

超级适应者——狗獾的神秘生活

狗獾是一种神秘的鼬科动物

正如我们从它们的名字中猜出的那样，狗獾样子很像小狗，只是腿短。它们毛茸茸的，长得很滑稽。这种动物跖行，在陆地上笨拙地跳跃着往前跑。粗大的体形和长长的前爪限制了它们移动的速度。这种狗獾是日本獾、猪獾、鼬獾的近亲，在长白山地区到处可见。

狗獾是鼬科动物里较大的一种动物，最大的全身长约 1 米，高 40 cm 左右，体重 3.5 ~ 9 千克。身上的毛大部分是灰色的，腿部几乎为黑色的，颜面灰白，头部有两条黑色纵纹，从吻部的两旁向后延伸，覆盖眼睛，到头的后部与背部深色部分连接。从头顶至尾部被有长而粗的针毛。毛基部呈白色，中间呈黑棕色，毛尖呈白色。耳朵背面后缘棕黑，上缘呈白色。黑色的长爪结实有力。

狗獾分布在我国除青藏高原部分地区外的大多数区域，是一种害羞和神秘的动物。狗獾并不倾向于共食的生活方式，冬眠结束后离开洞穴。它们单个生活或以家族组成群生活，分散在森林里草木长得很茂盛的地方。它们各自可能会占据一席之地，但除了短暂的求爱期和越冬前期外，它们似乎不会集群生活。

它们的嗅觉很好，闻到土层下喜欢吃的东西，就用强有力的爪子将土刨开。在野外经常可以见到狗獾挖掘的小土坑——一小片小圆坑。细细观察挖掘的地方的话，可以见到吃剩的草根、根茎和甲虫残骸。觅食活动在黎明和黄昏的时候最活跃，正午时它们躲在自己挖掘的临时土窝里或树洞里避开太阳。

▼ 图 1　狗獾（*Meles leucurus*）属于食肉目鼬科动物，体长 58~70 cm，尾长 15 cm 左右

过去人们描述狗獾的生活习性，几乎都参照欧亚狗獾的文献叙述。事实上，它在繁殖生物学方面还有许多科学奥秘要探索，是引人注目的具有超级生存力的动物之一。

獾子洞

狗獾一般多在夜间或黄昏的时候活动，所以即使它们分布很广也很少被人们见到。在野外我们通过狗獾挖掘的土洞来确定它们的存在，这些洞穴是它们用来逃避敌人、过夜、产仔和冬眠的场所。当地人把狗獾挖掘的土洞叫獾子洞。

狗獾一般在河岸边坡上、大树根部、石堆缝中和带有坡度的比较隐蔽的地方挖掘洞穴。要寻找獾子洞是比较容易的事情，通常顺着河岸上一条小路走，很容易见到从洞内挖掘出来的土堆积在洞口。獾子洞分为主室、厕所，还有几个分室。靠主室上方有小口径的通气口。洞最长可达 10 米左右，通常有几个入口和出口。看洞口沙土的新鲜程度，就知道有些是

▲ 图2 獾子洞

旧的，有些是新的。从土堆上的足迹可以判断这些洞穴是否在被使用。狗獾在活动领域经常挖掘土洞，有些很浅，有些较深。这是它们临时过夜或逃避天敌用的。

狗獾是一种非常爱干净的动物，它们睡觉的地方都是干草或蕨类植物做的，它们会不时地补充新的材料，有些洞会被几代狗獾长期使用，因为它们是一种习惯非常固定的动物。当它们外出觅食的时候，会离开洞穴。在活动区域经常见到狗獾粪便，它们有固定的排泄地点。据观察，每个个体都有自己专用的厕所，一般有一到两处排泄场所。

狗獾与熊类很相似，有半冬眠习性。它们不需要储存食物，但秋季森林里食物丰富，有各种坚果、种子、昆虫等食物，每天的觅食足以摄取它们所需的能量。摄入的大量食物转化为厚厚的皮下脂肪，用于越冬期间的新陈代谢。随着气温下降，部分狗獾逐渐靠近曾经在越冬时住过的洞穴，部分狗獾重新选住处，挖掘洞穴和修复洞穴，准备越冬。

狗獾出色的繁殖力

狗獾不是食物囤积者，在暖和的春夏季节，碰到什么就吃

▲ 图 3　狗獾的排便场

什么，是典型的机会主义者。它们主要觅食无脊椎动物、草根、芽和鳞茎，尤其喜欢野蜂蜜、浆果、坚果类甜食，也食小型啮齿类、鸟蛋和一些死去的动物。

狗獾宝宝在洞穴中发育，生下来的模样如何还无人详细描述过。不过可以想象，它们就是它们父母的缩小版吧。英国的雌性欧亚狗獾幼崽在 2 月出生，但直到 3 月底才会出洞活动，而长白山狗獾每年 3—4 月才产仔。它们的后代将在 3 年后开始繁殖。每年一窝，每窝产 3 ~ 5 个幼崽。雄性在幼崽成长过程中不参与幼崽的抚养。在狗獾幼崽几个月大的时候，妈妈通常会结束与幼崽的关系。能够自给自足的幼崽会开始它们的第一次短途旅行，在旅途中开始对食物的品尝和啃食。

然而，并不是所有的幼崽都能活下来。大多数幼崽会成为众多掠食者的食物。猞猁、豹猫、黄喉貂和几种猛禽都会将狗獾幼崽作为食物。成年狗獾粗壮有力，前爪发达，善于挖土，性凶猛，勇于捍卫自己，单个猎犬常为其所伤。捕食者要捕捉狗獾并不那么容易，一旦处在危险的境地，这些狗獾会与它们栖息的洞穴很好地融合在一起，借助具有防御功能的地下通道，逃避来自捕食者的猎捕。

▲ 图 4　狗獾越冬前集群活动在洞穴前

狗獾的“门卫”——貉

虽然狗獾是一种强有力的生物，但它们通常不会随意攻击任何东西。据猎人介绍，狗獾容许不能挖掘洞穴，完全不属于同类的犬科动物貉入住它们的洞穴，一起越冬。据当地人说，貉在洞穴中扮演着把守洞口的“门卫”角色。

貉的模样很像狗獾，几乎遍布整个长白山地区，主要栖息在河谷地带的水流附近。这种动物非常胆小，多半夜间出来活动，极为贪食。它们是一种杂食性动物，但是最喜欢吃鱼和老鼠。貉通常在森林小溪流的浅水中捕鱼或其他水生动物。它们在河边浅水处专心捕鱼，竭力用牙齿去叼在它们身旁游来游去的小鱼。如果碰到危险或有人接近它们，它们会发出就像小狗似的尖叫声，并很快消失在草丛里。

狗獾的危机

过去人们并不专门猎取狗獾，但是，如果它们碰到枪口上，人类也不会放过。不过随着技术的发展，狗獾成了经济价值较高的动物，它们的毛可以制笔，皮可以制革，肉味鲜美，脂肪能做药用。所以，近几十年来，狗獾也成了人类捕杀的对象。由于它们行动缓慢，很容易受到猎狗围击，它们还有越冬期在洞穴中冬眠的习性，也容易被猎人判断出是否在洞内。一旦确定有，就可以挖掘。

人们挖掘獾子洞时，也积累了许多妙招。首先要做的事情是判断主洞口，然后把周边次要洞口堵住或布网。一切完毕后，用木棍向洞内试探，开始挖掘洞穴，如果洞道拐弯了，再用木棍探测洞道方向和拐点位置再挖掘，直到挖到主越冬室，把獾子一个一个掘出，一网打尽洞内所有个体。此外，人们还用烟熏法、灌水、网捕、下踩夹等方法捕猎。

和大多数珍奇动物一样，动物学家最初很难在野外环境下观察它们，使得人类对它们的习性和生物学知识知之甚少。现在研究人员利用红外相机，可以捕捉到狗獾四季生活的影像数据，因此我们对狗獾的活动规律有了新的认识。

现在越来越多的人喜欢森林中的野生动物，也有了主动保护这些野生动物的意识。人们可能会问，狗獾的种群数量在过去一度因被猎杀而急剧减少的情况下是怎样迅速增加的？我们从它们能够广泛分布和维持种群的事实中能得到什么样的启示呢？

也许我们最重要的观察结果是，种群数量的迅速增加与天敌数量减少有关。我们知道，在哺乳动物中，狗獾分布区域非常广大，在寒冷的地方它们冬眠，还有结构合理的通道系统，构成了一个物种非常出色的环境适应性。

在自然界中，繁衍是复杂的。不可否认的是，狗獾在严酷的环境下能够维持自己的种群，使这一物种在自然界繁衍生息，而东北虎、远东豹以及许多其他种类的野生动物却做不到。对每个物种来说，也许森林为它们生存提供了平等的机会，然而有些物种消失，有些物种繁盛。那么，它们最后的命运到底是由谁来决定的呢？

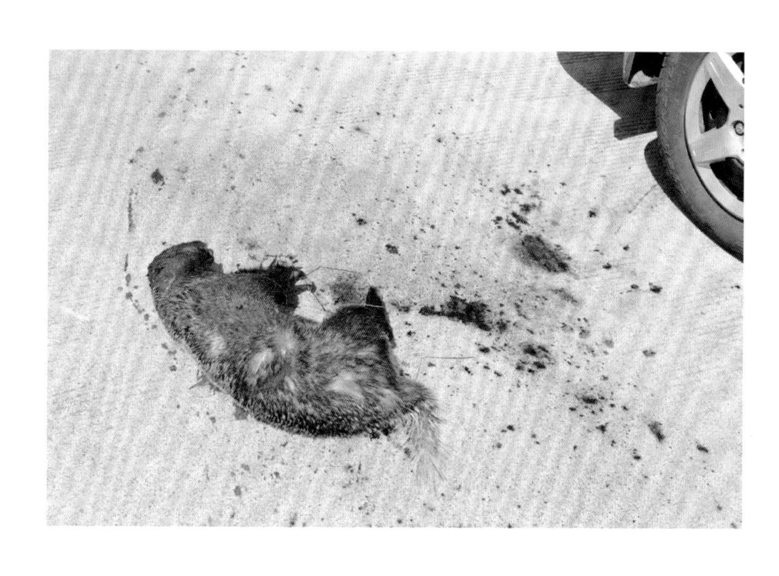

◀图5　狗獾死在道路上

冬眠的犬科动物——貉

貉的本事

对于貉人们所知甚少，因为它们很神秘，不轻易显露自己的存在，很少侵入人类居住的地方，故无危害人类经济利益的事件发生。看到成语“一丘之貉”里出现的“貉”字时，人们会猜测貉究竟是什么东西。

我在野外见到貉的足迹也是不容易的事情，要见到貉子活体更是不易，不过我有幸目睹了两次。

▼图 1　貉（*Nyctereutes procyonoides*）属于食肉目犬科动物，体长 45~66 cm，尾长 16~22 cm，可能已地方性灭绝

◀图2 鸳鸯一家

我第一次看到貉是在1979年6月份，是我们在头道白河观察中华秋沙鸭和鸳鸯的繁殖情况时意外见到的。

那天我们在头道白河的第二个河汊观察。二岔河全长约3千米，水量不大，清澈，倒木纵横，河底沙砾较多，属于地下冷泉汇集而成的河流。在观察期间，头道白河主河道上好久没有见到中华秋沙鸭和鸳鸯活动，也许它们进入河汊了？

我们在河口附近见到一窝鸳鸯家族群，毛茸茸的幼鸟紧跟在妈妈的身边，可以看出幼鸟很小，孵出不超过3天。我们的突然出现惊扰到它们，母鸟发出惊叫声，小东西纷纷潜入水中，一个个在水下游到岸边草丛中，上岸了，上岸后瞬间蒸发了一样，没有任何动静了。我上前试着找，它们在草丛中一动不动，也不出声。而母鸟就在附近叫个不停，一会儿装作断翅受伤的模样，半飞不飞地在我们面前来回几次，想引诱我们从幼鸟躲避处离开。我们便跟着母鸟离开了那里，不久母鸟飞回幼鸟隐蔽处，叫了几声，幼鸟们便出来靠拢在妈妈的身边，入水后它们一起离开了。

我们顺着河流往上走了一千米左右，上游河道变窄了，水很浅。我过河流上横着的倒木时，突然从倒木下蹿出一条大鱼，是一条细鳞鱼。它向上游动，水很浅，我可以看到鱼的背鳍露在水面上。它游向更浅的河岸边，我们跳入河中，用小木棍拍打，捕获了这条大鱼。后来，我们发现更多的鱼集在了浅水区。那个时节应该是细鳞鱼和黑龙江茴鱼的繁殖产卵期，它们从主河进入河汊产卵。这里有河沙，水流流速适宜，水温适中，是冷水鱼理想的产卵地。

就在我们静静观察鱼类的时候，听到距我们不远的地方传来哗啦哗啦的水声。我小心翼翼地转过身，向上一看，看到了两只貉子。一只从河里爬上倒木，一只在河岸边来回追赶着什么。倒木上的貉子在咀嚼着什么，岸边的貉子两条前腿伸进水里，正在那里专心捕鱼，它时而把嘴伸进水里，时而猛然掉转身体，朝另一处扑过去，竭力用牙齿去叼在它身旁游动的鱼。河岸边的貉终于捕到了大鱼，而倒木上的貉发现了一条顺水游动的大鱼，也跳入水中追赶。很快它们靠近了我们，停了下来，朝我这边看了看，接着像小狗似的尖叫了一声就消失在草丛里。那次我们观察了好久，貉在捕鱼时不是猛追猛扑，而是在浅水区很有耐性地等待。这次由于河水很浅，没有观察到貉潜水捕食，貉是否擅长潜水捕食还是一个谜。

第二次见到貉，是在长白山自然保护区大沙河边。在公路边一棵粗大的椴树上，有 4 只动物正在往上爬。我从较远的地方看过去，这几只动物显得很大，一时也猜不出这些是什么动物。这一带常见的能爬树的大中型动物只有熊、紫貂和黄喉貂，而眼前看到的动物都不像这些动物。

我小心翼翼地缓慢靠近，相距约 200 米时，才看出这些长相酷似小狗的动物是貉。当时天气阴暗，光线不好，披着蓬松毛的它们显得比想象中的大得多。也没有想到，它们居然能爬 20 多米高。

貉这种动物非常胆小，当我再接近一些的时候，它们发现了我的存在，纷纷开始从高处下来。它们虽然体形肥胖，但动作还是很迅速的，不一会儿便下到地面上，沿着笔直而稍有坡度的公路奔跑，奔跑的速度不快，跑出 500 多米后进入了树林里。那时是 1982 年 3 月份，它们结束了冬眠，正处于交配期。

冬季嗜睡的貉

貉身体不大，体长不足 70 cm，体肥，腿短小，尾巴短粗，尾毛蓬松，两颊横生蓬松的淡色长毛，周身以灰褐色为主，有的地方呈深灰或灰白色。

貉曾几乎遍布中国中部、南部和东部，且延伸到其他东亚国家和俄罗斯。它们主要栖息在开阔的阔叶林、草甸、茂密的灌丛带及与河谷相邻的水流附近，很少见于高山的茂密森林中。貉更喜欢在蕨类植物丰盛的林地上觅食。

貉是名副其实的杂食动物，随着季节变化，其饮食习惯也在改变。在大多数地区，小型动物是它们一年四季的主要食物。尤其是在夏天，鼠类、鱼类、蛙类、蜥蜴、无脊椎动物、鸟类、蛋都是它们的食物。秋天的时候，浆果和水果也是很受欢迎的，这些食物是它们进入冬眠前重要的食物。秋季时，它们变得肥胖，时常弓着背，行动缓慢。

在犬科动物中，只有貉有冬季嗜睡的特征。在冬天寒冷的地区，貉整个冬天都在洞穴中睡觉，它们还经常与狗獾一起冬眠。在长白山，它们从 11 月开始冬眠，3 月再次活跃。冬眠期间它们也时常醒来，走出洞穴，在洞口附近晒晒太阳，所以它们的冬眠只是昏睡状态。成年貉进入冬眠期时，体重较夏季几乎翻了一番。有研究认为，貉秋季肥胖不是增加食物摄入量导致的，而是秋季活动量减少的结果。冬季嗜睡期间新陈代谢变慢，春季开始代谢率升高。如果夏秋季食物充足，冬季貉便会进入冬眠状态。

貉为什么冬眠？目前对这个机制还没有很好的解释，也许冬季缺少它最喜爱的食物吧，冬眠后貉至少不用在寒冷的冬天为食物而奔波。但是，冬眠阶段貉也面临各种来自动物和人的威胁。我曾见过熊挖掘獾子洞，捕食了獾子后留下的痕迹。如果貉在獾子洞内冬眠，也就难逃厄运了。

在长期的适应环境过程中，狗獾也学会了如何防范熊类，它们多在石砬子或石堆中寻找越冬洞穴，如果没有石崖环境，就在树根交错，不容易挖掘的地方筑洞穴。但是，不管选择什么环境，都挡不住人的捕杀意愿。

人们需要狗獾的肉、脂肪和毛皮，所以狗獾一直是人类捕杀的对象。人们通常采用抠洞穴的方法捕捉在洞内越冬的所有个体，而对不能挖掘的石洞，采用在洞穴口下套子的方法。这些方法都对貉构成了威胁，因为貉借助狗獾洞穴越冬。貉出洞要比狗獾早，洞口的套子首先套住的是貉。因此，貉的冬眠也充满了死亡的风险。

野猪和它们的邻居

野猪的习性

野猪分布在欧洲、亚洲和非洲。世界范围内野猪有 8 属 22 种，中国有 1 种 7 个亚种。中国的大兴安岭、长白山、松辽平原、黄淮平原、黄土高原以及西南地区和华南丘陵地带均有野猪分布。

长白山地区分布的野猪为东北亚种，体形较大，体重可达 300 千克，最大的体长接近 2 米。周身呈棕褐色或黑色，前腿长，后腿短。四肢短而有力，颈部短。公猪有尖利的獠牙，长度可达 20 cm。发威时粗硬的鬃毛竖立，经常在松树上蹭痒痒或在泥土里滚来滚去，体毛上常粘着厚厚的松树油脂或泥土，来防御蚊虫叮咬。

野猪一般 11 月开始交配，翌年春季 4 月份产仔，每窝 10 头左右。野猪幼体身上

▼ 图 1　野猪（*Sus scrofa*）属于偶蹄目猪科动物，体长 90~180 cm，尾长 20~30 cm

◀图 2　野猪的幼体

有多条纵向条纹，几个月后慢慢消失，换上浅棕色“外套”。野猪非常灵活，力气很大，嗅觉也很灵敏。野猪的食物广泛，它们以家族性群居为多，冬季集群，有时候几十头成群活动，雄性成体多单独活动。

大型动物活动与森林植物的相互关系是影响植物长期演替变化和物种波动的一个重要因素，已日益受到人们的重视。野猪最大的本领是用细长的嘴巴不停地挖掘土地，寻找地下草根、种子等，练就了嘴的功夫。

野猪的故事

野猪是最常见的野生动物之一，也是故事最多的野生动物之一。我觉得野猪在森林中有自己的“部落”和血缘关系亲近的个体组成的小群体，它们在一定的活动区域形成领域。所以，我们经常可以看到不同地方的野猪群数量基本稳定，通常种群大小在 10 头左右，较大的群数量可达 20 多头，甚至有 50 头左右的大群。

大群的形成可能和这个部落的强势有关。冬季是集群活动的季节，春季和夏季一般以家族群为主，有雌性野猪带领自己的幼崽活动，也有二年生幼猪跟着自己的母亲和同胞们在一起。

有一次我见到一个比较大的野猪群在蒙古栎集中的地方觅食。所有成员只顾低头在地面上寻找食物，当我慢慢接近它们时也没有被发现（我的位置正好在下风，野猪闻不到我的气味）。它们正忙着补充食物，我见到一只大公猪在野猪群外围游荡，好像是在巡视，也许它承担警卫的角色。这头大

▶ 图 3　野猪在苔原带挖掘地表植被

▶ 图 4　野猪的粪便

公猪不参与猪群觅食，一会儿后不知去了哪里，再没有出现。我以一棵大红松作遮蔽物，在那里静静地观察这群野猪的取食行为。

野猪群觅食时，为了抢占食物多的位置会发生争夺战。大一点的野猪常用嘴巴欺负个头小的野猪，有时拱得小野猪吱吱叫。中间大范围的取食地被身体强壮的野猪占有，而小野猪逐渐向外围扩散，在外围自己寻找食物。

小野猪的扩散面积逐渐大起来，有一头当年生小黄毛野猪离我越来越近了，它很警觉，时而朝我的位置凝视。我可以看到它小小的眼睛正盯着我。它停下觅食，头抬起来，鼻子朝天，好像是嗅到了什么气味。它终于发现了我，转身，发出惊叫声。就在这时，野猪群朝我所在的方向看了一下，然后一瞬间整个群向一个方向逃离。

几十分钟的观察给我留下了对野猪社群的新的理解。野猪群不是我们想象的那样强者会关怀弱者，它们在进食过程中是互不相让的，这里包含了强者生存，繁衍后代的意义，弱者可能被淘汰。但是，在群生活中，有些独行的公猪承担

◀图5　长獠牙的野猪

▶ 图6　野猪在排成队移动

着安全警卫工作，而幼体在外围也是起到警戒的作用或作为天敌侵入捕食时的首选目标，而强者获得安全保障。

在野猪发情交配期，强壮的公猪会领着一群母猪去每年固定的场地交配。我在同样的地方见过几次这样的场面。20多头母猪排成队，向一个方向移动，一头大公猪在前头领路，有时在母猪后面跟着。大公猪非常威风，有高而发达的肩胛骨、长长的鬃毛、雪白弯曲的獠牙。在这个时候，你要是与它相遇，它会表现得毫无畏惧。它会停下脚步，用小小的眼睛和你对视，发出瘆人的鼻声，让你不得不退去。我经历了几次这种场面下的相遇，每次都是胆战心惊。

每个野猪“部落”都有自己的领地，它们每天要做的事情是寻找食物，填饱肚子，然后是睡觉。夏天不需要搭建窝，但冬季要搭建“宿舍”。它们找到能够满足几天温饱的取食地后，要用小灌木筑窝。猪窝是用灌木铺的，每次筑窝时，每个个体都参与，并尽心尽力。每次啃断的灌木量不大，用嘴叼来，铺到地上。修筑的窝不大，约5平方米，但是可以容得下7 ~ 8头野猪。野猪睡觉时，一个个紧挨着，甚至相互压着，在寒冷的季节可以保温，这是野猪群居的好处。但是，一般孤猪和一些母猪单独筑窝。它们的窝很讲究，用树枝搭建巢穴，有棚，还有出入口。

野猪能够找到有水的地方，在那里掘个大坑，营造能储存水的泥坑。夏季和秋季它们经常来洗个泥澡，把整个身子涂上泥，这样可以降温，但更重要的意义在于可以防蚊虫叮咬。有时它们还找棵松树，在树干上蹭痒痒，在身体上涂上松油。所以，在野猪活动的地方经常见到被损伤的树木和泥塘。有时也见到灰背鸫等需要用泥土来筑巢的动物利用野猪营造的泥坑中的泥土来筑巢，还有一些小动物在泥塘中饮水，还有一些昆虫在那里繁殖。

假如森林里没有野猪

随着人类对野猪的深入了解，不难看出，野猪在森林生态链中占有重要的位置，对维持森林生态系统稳定性起着不可替代的作用。那么，我们想象一下，原始森林里如果没有了这种能大面积挖掘地表土层的野猪，生态链可能的状态将是怎样呢?

首先，我们看到的是因没有野猪不辞辛苦地翻土，土壤板结硬化，地表上掉落的枯枝落叶覆盖林下每个角落，年复一年积累的枝叶变得很厚。许多植物种子掉落到枯

◀图7　野猪产窝

▶ 图 8　野猪泥池

▶ 图 9　其他动物到泥池边饮水

叶表面上，等待枯枝落叶分解腐烂，才能获得生根发芽的机会。在漫长的岁月里这些种子或干枯，或被小型动物吃掉，没有机会接触土壤而发芽生根，许多树种不能顺利完成自然更新。没有野猪的活动，林下草本植物、灌木及枯枝落叶等的盖度不会发生巨大的变化，有许多草本植物种类不能大范围扩散。土壤板结影响大量土壤动物的活动，造成枯枝落叶的

◀ 图 10　冬季野猪用大量的灌木和乔木幼树构筑过夜的窝。每个窝的大小与群体大小有关。孤猪一般有单独的窝，怀孕的母猪即将临产时，用树枝搭建有顶棚的窝

分解速度下降，影响土壤透气性和土壤腐殖质层的形成，导致森林物质循环发生改变。

如果没有野猪为筑窝而大量啃断林下灌木来调节植被密度，那么森林中无制约的萌生枝条过于密集，影响其他树种和草本植物摄取营养。同时林间光照条件变差，进而影响土壤微环境，不利于树种更新。茂密的灌木也会阻碍鹿等大型动物在丛林中穿行，即适于它们栖息的生境会因植被茂密而减少。

如果没有野猪种群，那么大型食肉动物的食物结构会发生改变，捕食者选择的猎物可能会主要以鹿等草食动物为主，这样鹿等草食动物种群数量会受到捕食者的影响而下降，使草食动物调节植被的功能下降，会破坏森林演替和森林结构的稳定性，最后捕食者的生存也会因猎物的减少而受到威胁。

如果没有野猪种群的觅食过程，可能会引起森林鼠类数量的大起大落。一方面如果没有野猪在大面积拱地过程中破坏鼠类的地下通道、地下粮仓以及野猪直接捕食鼠类，对鼠类种群数量的控制作用会大打折扣。另一方面，落下的各种种子足够满足鼠类对食物的需求，形成有利于鼠类生存的条件，会促进鼠类数量的迅速增长，进而会危害乔木、幼树、草本植被和地下土壤动物等的生存。野猪对地面各种种子资源的大量消耗恰好使其与鼠类形成竞争关系，将鼠类的食物来源控制在一定规模内，间接调节鼠类种群规模。

▶ 图 11　有许多森林鸟类营巢时选择用野猪毛构筑巢内壁。这是因为野猪毛比较长，而且硬度和粗细合适，并且野猪毛可以保温、可以调节巢内空气和湿度

▶ 图 12　雪地上野猪群走过后形成的雪道。野猪趟出的通道为许多动物利用，如猞猁、黄喉貂、紫貂、狍子及野猪幼体等，这样可以节省体力

如果没有野猪在冬季拱地和趟出雪道，在长白山雪深可达 40 ~ 60 cm 的环境下，森林中的许多兽类就不能借助雪道轻松移动了，森林中的许多鸟类也没有机会轻松获得雪被下的植物种子、昆虫、土壤动物和沙粒等食物了。在大雪或极端气候条件下，由于寒冷、食物不足或疾病等原因部分野猪死亡，如果没有这些死亡的野猪，那么熊类、紫貂、黄喉貂、秃鹫、乌鸦等动物就没有了重要食物来源。此外，一些森林鸟类也失去了用野猪毛作筑巢的材料和铺垫在巢的内壁上的机会。

野猪与人类的冲突

野猪与人类的冲突事件近年来在世界范围内急剧增加，主要表现在野猪损坏农作物、伤害家畜和传播疾病等方面。

为什么野猪会危害农作物？是森林里没有足够的食物，还是野猪的种群数量过多了？野猪与人类的冲突关系到对野猪保护的实际问题。

很久以来，野猪危害农作物事件一直存在，并很可能将持续下去。过去，在玉米、土豆即将成熟的时节，野猪成小群光顾农田，也常在林缘地带出现。是因为森林里没有足够的食物吗？不是。过去人类很少采集红松种子、蒙古栎种子等，而这些都是它们的食物。野猪是杂食性动物，几乎什么都吃，如草根、木贼、蛇、鼠类、真菌、土壤中的小动物甚至落在地上的树枝等都是它们的美食。

那么究竟是什么原因使野猪跑到农田里来呢？实际上，在既不缺食物又不缺栖息地的情况下，唯一说得通的解释是：林缘种植的农作物对所有草食性动物和杂食性动物来说充满了极大的诱惑力。一般来说，野生动物都具有好奇性，它们可能想品尝一下在大森林中见不到的食物，或者在骨子里就认为农田本身就是祖先遗留给它们的固有家园。

为了防止野猪对农民生产造成危害，研究者们采取了一些应对方法，包括致死性方法和非致死性方法。致死性方法，即猎取一定数量的野猪，通过控制野猪种群数量来减少农业损失。非致死性方法包括人工投食减轻野猪破坏，用电围栏、木围栏、稻草人、篝火等干扰物对野猪危害行为进行防控。许多地区也采取了损失补偿方法，损失补偿可在一定程度上缓解人类与野猪之间的冲突，但是也有消极的一面，如降低人类防治行动的积极性。最近一些研究者采用生物防控方法来驱赶野猪，如模拟东北虎等天敌的声音或气味驱赶等。不管是用哪种方法，到目前还没有很好的效果。最可行的措施是要么将靠近林缘的农田归还野猪，要么积极守护农田。在大自然生态系统中，人类的经济利益与野生动物之间的矛盾是不可避免的，如何缓解这种冲突也是当前面临的重要课题。

有一个特别重要而不可忽略的事实：野猪是森林的原居民，是与森林关系非常密切的最常见的大型兽类之一，是东北虎、远东豹等大型肉食性动物喜欢的猎物，也是森林的耕耘者和掘土能手。野猪是适应不同环境的典型物种，它们在长期的进化过程中形成了极强的生态适应能力，已经占领了全世界所有能够栖息的地区。所以，我们很有必要了解野猪的生活习性，以便对于它们在森林生态系统中占有的重要地位有一个更确切的认识。

▶图 13　野猪套

陌生的鼩鼱

瞎耗子

鼩鼱类长得有些像小老鼠，个头很小，有尖尖的嘴巴和长长的胡须。大多数种类在地面上的枯枝落叶层或腐殖质层下捕食昆虫或其他软体动物，也捕食小型鼠类或两

▲ 图 1　大鼩鼱（*Sorex mirabilis*）属于鼩形目鼩鼱科，体长 7~10 cm，尾长 6~7.5 cm，是我国稀有种

▲ 图 2　大麝鼩（*Crocidura lasiura*）属于鼩形目鼩鼱科动物，体长 7~11 cm，尾长 3~5 cm

▲ 图 3　栗齿鼩鼱（*Sorex daphaenodon*）属于鼩形目鼩鼱科，体长 4~8 cm，尾长 2.5~4 cm

▲ 图 4　水鼩鼱（*Neomys fodiens*），属于鼩形目鼩鼱科，体长 6~9.5 cm，尾长 4~8 cm

▲ 图 5　山东小麝鼩（*Crocidura suaveolens*）属于鼩形目鼩鼱科，体长 5~6.5 cm，尾长 3~4.3 cm

▲ 图 6　中鼩鼱（*Sorex caecutiens*）属于鼩形目鼩鼱科，体长 5~6.5 cm，尾长 3~4 cm

栖爬行动物。它们夜间活动，白天很少离开地下洞穴。长期的洞穴生活使眼睛几乎完全退化，捕食是靠嗅觉、触觉和听觉来完成的。人们通常叫它们“瞎耗子”。

鼩鼱类皆有尖长的面部，脑壳都比较小，眼眶与腋窝之间畅通无隔，牙齿结构原始。大多数均有锁骨，脑部也保持着若干原始形态；嗅球很大，脑半球则较小而光滑。子宫是双角的，睾丸从不全部降入阴囊之内，有许多种尚保留着泄殖腔，而在体温的调节方面，有许多种是不完整的。

鼩鼱类属于鼩形目，由 4 科组成。这一目除了南极洲及大洋洲以外，其他各大洲均有分布。中国境内有 2 科 94 种，绝大部分栖于陆地上，少数种是水陆两栖的。古北型的水鼩鼱在我国仅见于长白山。比较常见的种类有缺齿鼹、小缺齿鼹、

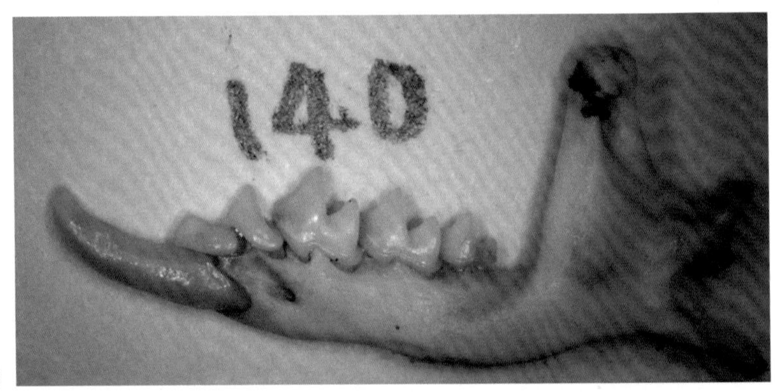

▶ 图 7　大鼩鼱的牙齿

▼ 图 8　大鼩鼱头骨

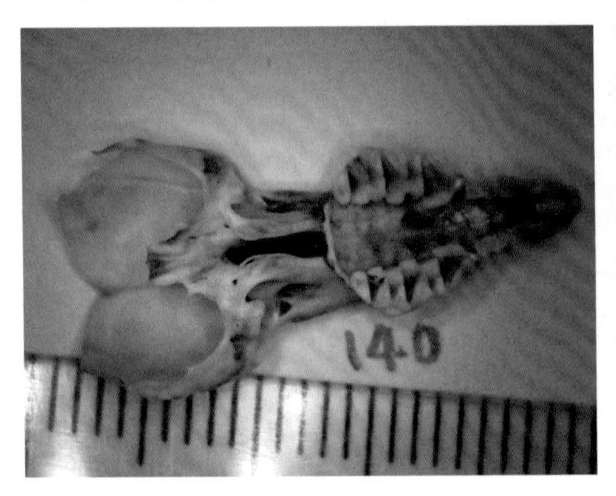

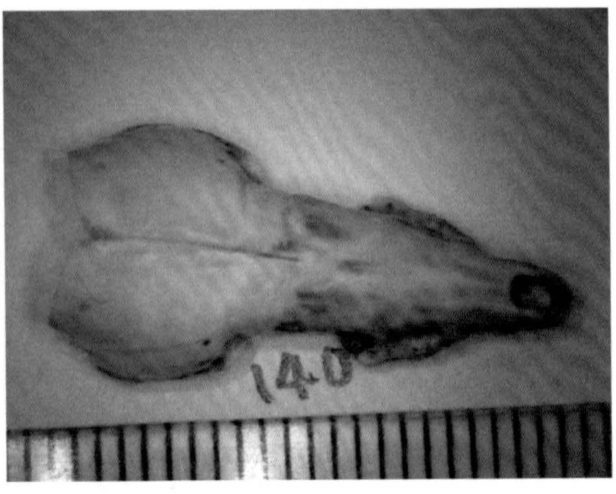

小鼩鼱、中鼩鼱、栗齿鼩鼱、大麝鼩和山东小麝鼩。

鼩鼱类个头很小，一般体长 5 ~ 8 cm，尾长 6 cm 左右。据文献记载，其孕期为 17 ~ 28 天，哺乳期为 22 ~ 25 天。鼩鼱成熟得快，寿命仅有 14 ~ 15 个月。繁殖后的成年鼩鼱从夏季开始陆续死亡，秋季时绝大部分成年个体都会死亡。

几年来，我们在不同的生境中采集到大鼩鼱、中鼩鼱、栗齿鼩鼱、山东小麝鼩、中麝鼩、水鼩鼱和缺齿鼹等鼩鼱类动物，其中，栗齿鼩鼱和中鼩鼱的数量最多，从农田、低山森林到高山苔原带均有分布。实际上，这个类群在自然界是一个庞大的群体，甚至数量可能超过啮齿类动物。我们在研究一些肉食性小型捕食者，如紫貂、黄喉貂等的食性的时候，发现其粪便中很大一部分是鼩鼱类的骨头。由此可以看出，鼩鼱类在生态系统中扮演者着重要的角色。

在哺乳动物中，由于鼩鼱类动物具有原始的特征，所以一般认为它们最接近各种有胎盘兽类的祖先。除了显示古老的特质之外，同时它们又有着极其特化的地方。鼩鼱类和狐猴类等灵长类有某些亲缘关系，尤其是在性的生理方面有着奇异的相似之处。

人们普遍认为，在种系发生学上，食虫目是现存所有真兽亚纲动物中最原始的一目，食肉目、翼手目、啮齿目都是由早期的食虫目分化出来的。灵长类与食虫类动物的血缘关系也极密切。目前，科学家把这些物种作为优良的实验动物和疾病动物模型，以用于候选化合物的药效学、药理学和毒理学的评价研究。因此，从生理生化学、生态学、行为学、实验动物学等不同角度上看，对这些动物进行系统的研究具有潜在的研究价值和应用前景。

鼩鼱的生活

和大多数哺乳动物一样，人们最初很难在野外环境下观察鼩鼱，因为它们个头小，而且是典型的夜间活动的动物。人们对于它们的生活习性了解得不多，它们的自然史大都来自捕获后得到的数据，许多物种的繁殖信息基本是空白。

2007 年开始，我在研究道路对小型哺乳动物的影响的课题时，涉及鼩鼱，需要统计数量，捕捉活体。鼩鼱的捕捉采用常规的笼捕或夹捕方法是无效的，后来，我们尝试了用陷阱捕捉的方法，效果很好。

开始用塑料桶做陷阱，在不同生境中按样方布设陷阱，每天可以捕到一些样本。可是活捕的概率小，原因是鼩鼱掉入陷阱后，它们之间会相互撕咬致死，并吃掉尸体，

▶ 图 9　鼩鼱陷阱。桶的材料为塑料，口径 20~25 cm，高 30 cm。桶内不放任何引诱物

最后只剩皮毛和尾巴。此外，如果同一桶内掉入体形比鼩鼱大的老鼠，鼩鼱也会将老鼠捕杀吃尽。为了获得饲养个体，我们只能晚上布桶，早起检查。这样在没有残杀之前，可以捕获鼩鼱活体。

我们尝试通过饲养观察它们的生活习性和一些行为，这是一个可行的获得有关它们生活习性和行为方面知识的途径。鼩鼱的人工饲养难度很大。我们一开始将它们合养在一个饲养箱里，起初它们的相处比较正常。可是后来，它们的本性暴露了，极其残忍，同类相互撕咬，很快有些个体被咬死。在面积为 1 平方米多的箱子里，也可以看出它们之间总是保持一定的距离，看来领域行为特别强。我们发现，在饲养环境中，鼩鼱表现得非常急躁好动。

鼩鼱擅长挖洞，基本上在枯枝落叶层和腐殖质层中移动，当危险来临时，很快钻入枯枝落叶层隐蔽，在黄昏和夜间活动最活跃，白天也出来觅食，但多数情况下，它们躲在地下洞道内，时而动一动。

鼩鼱的食量很大，它们一天到晚总是不停地吃，每天至少得吞进同自己体重一样重的食物。如果食物丰富，它们甚至一天能吃下相当于自己体重 3 倍的食物。鼩鼱食量大，需要吃较多的食物来维持它们极高的代谢率。研究表明，小鼩鼱若几个小时不进食，就会因饥饿而死亡。

鼩鼱偏向以昆虫为主食。每次试验放几种它们可能食用的种类，如蛋白含量高的动物类食物，水果、浆果、草本植物等植物类食物。在众多食物面前，它们首选的食物为蚕蛹和其他昆虫，在没有蛋白类食物的情况下也食花生米和苹果。它们不吃草，也不啃食树皮和坚果，没有观察到它们喝水。

鉴于鼩鼱个体之间竞争激烈，推测它们可能倾向于单独生活。但是，调查表明，在固定的样方内连续捕捉一周左右，每天都能捕捉到几只或十几只个体，捕获的个体数量很大，说明在自然状态下，个体之间是保持相互联系的，而且它们的活动范围很大。

观察期间发现，鼩鼱经常发出微弱的声音，尤其是在洞道内相碰的时候，发出短的吱吱声。它们白天或夜晚出来觅食的时候发出很低弱的声音，如果不细心听的话，是感受不到的。

◀ 图 10　饲养的鼩鼱

分泌毒液的鼩鼱

鼩鼱类一般能从口腔腺体中分泌毒液，用来捕杀个头较大的猎物，它们是长白山唯一能分泌毒素的哺乳动物。多年来，我一直关注具有有攻击性的毒腺和用于自卫、信息交流的臭腺的生物类群，它们激发了我探究动物神秘功能的欲望。

科学家曾经做过实验，将鼩鼱唾液腺分泌出的液体注射进老鼠体内，很快就引起老鼠的生理变化，血压降低，心脏跳动变慢，呼吸也发生困难。不到一分钟，毒性发作，老鼠便进入瘫痪状态。

我们将从野外采集的大天蛾成虫放入饲养箱内，鼩鼱很快上来咬一口，就钻入洞内。被咬的大蛾不停地振动翅膀，约 1 分钟后，慢慢减缓了振翅速度，不一会鼩鼱出来开始吃了。它先从尾端咬个口，然后吃里面的液体状的东西，尖细的嘴可以伸进里头，蛾的外壳还完好。

我在野外经常看到鼩鼱在雪被上留下的足迹，这至少说明大多数鼩鼱种类是不冬眠的。在饲养情况下，也没有迹象表明它们要冬眠。那么，在冬季雪被覆盖、地表温度较低的情况下，可供鼩鼱捕食的地下动物的情况又如何呢?

我们知道，鼩鼱类小动物喜欢在枯枝落叶层和腐殖质层活动，捕食在地下活动的各种动物。实际上，在大雪覆盖的冬天，地下温度要高于地上 7 ~ 8 摄氏度，许多动物适应这种温度。另外，到了冬季，许多昆虫的幼虫、若虫、成虫和两栖类的极北鲵、中华蟾蜍、东方铃蟾及部分中国林蛙，以及爬行动物等都要进入地表枯枝落叶层冬眠或休眠，还有许多啮齿类动物也在雪下活动。由此可见，冬季雪下的生物种类比夏季增加了，也就是说，鼩鼱可食的生物量是丰富的。

在这个时候，鼩鼱的毒素起到关键的作用，它们可以在雪下杀死那些耐低温而活动缓慢的小动物，也可以杀死那些在雪下洞穴中来回穿梭的小啮齿类动物。实际上，我们的担忧是没有道理的。寒冷的冬季对于鼩鼱来说是极好的狩猎季节。这些食物足够满足它们高水平的代谢率，维持生存。

那么我们可以想象，如果雪被很浅的话，这对大多数在地下冬眠的动物的影响将是负面的。有许多昆虫、软体动物将会死亡，从而导致鼩鼱的数量因食物减少而降低。所以，极端气候对鼩鼱种群数量影响极大。我们的调查也证明了这一点。如 2016 年的少雪天气导致鼩鼱的数量变得极少，这样以它们为猎物的鼬科动物的数量也相应受到影响。

森林中最常见的居民——鼠类

温带森林里的鼠类

当你进入长白山温带森林，一定会感到当地的哺乳动物少得出奇，除了喧哗的鸟类之外，只有偶尔的机会可以在下层枯枝落叶或树根中看见一些小型啮齿动物的存在。

啮齿类动物是森林中最常见的居民之一。它们分布在除了南极的大部分地方。啮齿类成功地适应了每一种不同的生活方式，如地栖、穴栖、树栖、水陆两栖。

它们的脑小，嗅叶发达，智力不是很发达，显得原始。它们成功的基础除了食物复杂和对气候的适应性强外，最主要的显然是超强的繁殖力，而且随着环境条件变化会出现有规律的“数量波”。

◀ 图 1　小飞鼠（*Pteromys volans*）属于啮齿目松鼠科，体长 15~20 cm，尾长 9~11 cm

啮齿类中大多数种类为夜行性动物，而捕食者也随着猎物的出没时间而活动。因此，在长白山温带森林中，除了偶尔见到有蹄类外，食肉类动物白天不容易见到。

长白山森林中，最常见的啮齿类有棕背䶄、红背䶄、大林姬鼠、松鼠和花鼠，构成森林的优势群体。长尾蹶鼠是我国稀有的种类，仅分布在长白山森林中。此外，森林中还可以见到小飞鼠、巢鼠、黑线姬鼠、仓鼠等，也有一些外来种，如麝鼠、小家鼠等。

在长白山这些啮齿类中，属松鼠科的有小飞鼠、松鼠和花鼠 3 种。

小飞鼠

小飞鼠栖息于森林中，以树洞为家，傍晚和夜间活动，白天多在巢穴内睡眠。其身色与树干相近，因此极难发现。滑翔时四肢撑开平伸，尾平直，略向上翘。善于爬树，能很快地由这一树枝借助飞膜飞向另一树枝，飞行距离可达 40 ~ 50 米。冬季不冬眠，每年繁殖 2 胎，每胎产崽 2 ~ 4 只。主要吃松子、橡实、树皮、嫩芽、浆果等，也吃蘑菇，比较喜食云杉、冷杉的嫩枝芽和杨柳枝的嫩皮。

▶ 图 2　小飞鼠的食物——花序

松鼠

松鼠为典型树栖动物，栖息于针叶林或针阔混交林中，特别喜爱红松阔叶林带。在原始森林中多见，矮木林、灌木杂木林中有少量个体栖息，这或许与它们的食物和隐蔽场所有关。它们以植物性食物为主食，如各种乔木和灌木种子，也吃蘑菇、昆虫及其幼虫、鸟类等小型动物。在缺乏食物的情况下，亦吃阔叶树的嫩枝、针叶树的嫩芽，每次食量在60克左右。秋季松鼠有储食习性，将坚果分散贮藏于地面下，将真菌贮藏于树枝上。

松鼠不冬眠，为昼行性动物。大风、暴雨和严寒、酷暑都会减少松鼠的活动时间。冬季在严寒天气条件下，它们会留在窝中几天不活动。松鼠通常单个个体活动，在发情期可见到集小群或成对活动。松鼠会用尿液和下颌腺的分泌物在树干和树枝上涂抹，以标记家域或领地。

▼图3　松鼠（*Sciurus vulgaris*）属于啮齿目松鼠科，体长17~26 cm，尾长15~22 cm

松鼠筑窝生活，也可以利用树洞和鸟巢。窝大部分营建在距地面 8 ~ 16 米的树枝上，靠近树干或者位于树枝分杈处，分为日间使用的休息窝和夜间使用的睡眠窝两种类型，通常呈球形，直径约 30 cm，外层由细枝、松针和树叶筑成，内层覆以苔藓、树叶、松针、干草和树皮等柔软的材料。冬季松鼠窝内形成一个微气候环境，温度能高出窝外 20~30 摄氏度，从而减少了机体温度调节所消耗的能量。这是生活于北温带地区的松鼠冬季生存策略之一。

▶ 图 4　松鼠

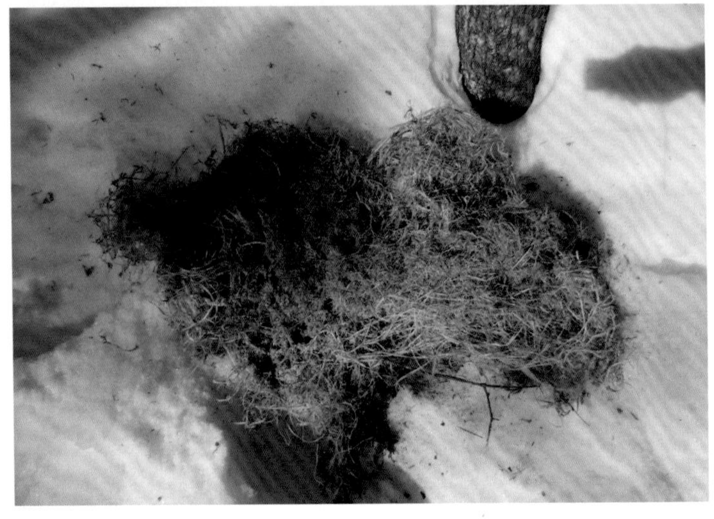

▶ 图 5　松鼠窝材料

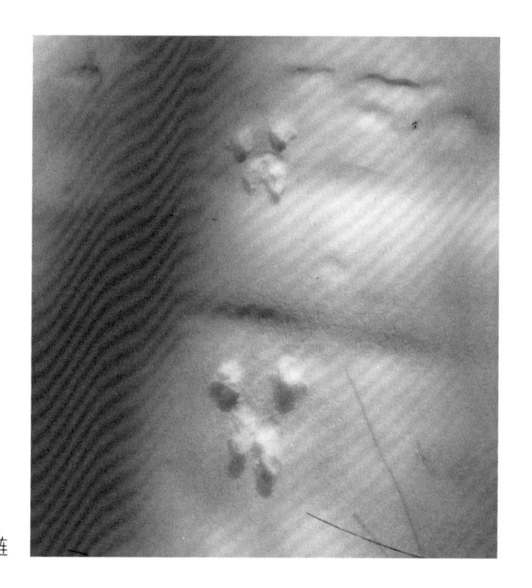

▶ 图 6 松鼠足迹链

松鼠每年繁殖 1 次，春季交配，妊娠期为 38 ~ 39 天。婚配制度是一雄多雌制或混交制。交配前有求偶行为，通常优势雄性个体会拥有更多的交配机会。初生雌鼠通常第二年开始生育，其生殖能力与体重密切相关，只有超过一定体重阈的雌性松鼠才具备生育能力，而且体重越大能够生育的后代越多。幼仔由雌鼠单独哺育，哺乳期超过 70 天。

花鼠

花鼠是一种小型树栖和地栖性动物，身长 140 毫米左右，尾毛蓬松，端毛长，尾端不尖。栖息于山区针叶林、针阔混交林，平原的阔叶林、灌丛或灌木林，常出现在林缘、溪流及居民区附近。

花鼠一般多选择在树根下做洞，也有以倒木的树洞、石缝、石洞为洞穴的。越冬方式是在地下洞穴中冬眠。洞穴大都为单洞道的，洞中有窝。洞深 1 米以上，亦有达 2 米的。一般日间活动，冬季冬眠。

其主要食物为各种针叶树种子、坚果、浆果、豆科和草本植物的种子，以及各种农作物。时常以昆虫及其幼虫为食物。

▶ 图 7　花鼠（*Tamias sibiricus*）属于啮齿目松鼠科，体长 12~17 cm，尾长 9~13 cm

▶ 图 8　花鼠

在个别花鼠的胃中发现有小型啮齿动物的碎骨和皮肉。每次食量约 5 g 左右。花鼠具有储存食物的习性。

长白山花鼠发情和交配期在早春，每年繁殖 1 胎，偶有 2 胎，妊娠期为 35 ~ 40 天，每胎产仔 4 ~ 6 只，偶有 9 ~ 10 只，哺乳期为 39 ~ 45 天。当年幼仔到 11 月长约 110 毫米。鼬科动物常捕擒花鼠为食。

在长白山啮齿类中，属仓鼠科的有棕背䶄、红背䶄、麝鼠、大仓鼠和东方田鼠 5 种。

◀图 9　鼠害

棕背䶄

棕背䶄为林栖种类，主要栖息于针阔混交林中。针叶林和林缘坡地也有分布。棕背䶄昼夜均活动，但白天活动较夜间少。不冬眠，冬天在雪下活动，雪层下有交错的洞道，雪面上有洞口。在灌丛、倒木、枯枝落叶层下挖洞做窝。窝中垫以细叶、软草即可产仔。具有一定的攀爬能力，可攀到树木的小枝上啃食幼嫩树皮。

▼图 10　棕背䶄（*Myodes rufocanus*）属于啮齿目仓鼠科，体长 7~12 cm，尾长 2.4~6 cm

▶ 图 11　棕背䶄吃红松松子

棕背䶄为植食性动物，冬季和早春以植物的韧皮部为食，晚春和夏季吃植物的绿色部分。棕背䶄具一定储食习性，秋季将果实等拖入洞中储备供冬季食用。

棕背䶄的繁殖期为 5 ~ 9 个月，年产 2 ~ 3 胎，每胎 4 ~ 8 只仔，妊娠期为 17 ~ 20 天。棕背䶄的种群数量以 3 ~ 4 年为一个周期，在数量高峰年，雄鼠数量高于雌鼠。在长白山林区该鼠为优势种，数量大于红背䶄。

红背䶄

红背䶄是典型的林栖啮齿类。栖息于海拔较高的针叶林、阔叶林及针阔混交林地带，常在灌木丛下、倒木下、树根及枝叶堆积处、枯枝落叶层下挖洞筑穴，洞道极浅，洞穴简单，用草及树叶做窝。冬季在雪被下修筑交错的跑道，雪面上有洞口。

红背䶄昼夜活动，但夜间活动更频繁。夏季以绿色植物为食，晚秋至早春以草籽、树木种子等植物种子为食，冬季和早春食物缺乏时，以树皮为替代性食物。不冬眠，冬季凭借较厚的被毛在温度高于地面 10 ~ 20 摄氏度的雪被下自如

▲ 图 12　红背䶄（*Myodes rutilus*）属于啮齿目仓鼠科，体长 7~10 cm，尾长 2~4 cm

◀ 图 13　针叶林中的红背䶄

活动。具有储食行为，可以将种子拖入洞中储存。每年 4 月开始繁殖，5—7 月为繁殖盛期，每年繁殖 3 胎，每胎产仔 4 ~ 9 只，妊娠期为 18 ~ 20 天。

麝鼠

麝鼠是水陆两栖兽类，原产于北美洲。喜栖息于多草的沼泽地中，食物丰富的池塘、湖泊中及河流沿岸。洞穴筑在水岸上，入口多在水下或位于水平面上，有的岸上也有洞口，

▼ 图 14　麝鼠 (*Ondatra zibethicus*) 属于啮齿目仓鼠科，体长 22~30 cm，尾长 17~25 cm

窝以干草做成，多筑窝在距水面较高的岸上，还筑有储粮（水草类）和隐蔽的洞穴。

麝鼠喜欢在水中游泳和觅食，闻声或遇敌立即潜入水中，可达数分钟之久。黄昏及黎明前后活动频繁，不冬眠，主要以植物的果实、嫩枝、树皮、嫩叶为食，饥饿时也捕食少量螺、蚌等软体动物及蛙、小鱼等。

麝鼠一般约在 5 月份开始繁殖，8 月底结束。每只成年雌鼠 1 年平均产仔 20 多只。每年产仔 2 ~ 3 胎，妊娠期为 25 ~ 26 天，每胎产仔 2 ~ 10 只。麝鼠的天敌很多，主要有雀鹰等猛禽以及黄鼬、狐狸、豹猫等。

大仓鼠

大仓鼠是干草原啮齿动物类群成员，栖息于草甸、丘陵等地势较高的环境中。在山地次生林环境中，常与大林姬鼠、棕背䶄等混居。大仓鼠很少出现在森林里。

大仓鼠善于挖穴打洞，为夜行性鼠类。东北地区大仓鼠冬季封堵洞口，但并不冬眠，依靠洞内的储粮生活。大仓鼠

▲ 图 15　大仓鼠（*Tscherskia triton*）属于啮齿目仓鼠科，体长 14~22 cm，尾长 5~9 cm

个性凶残，粗野好斗。会主动出击，扑向入侵之敌，有时同类间残杀。

它们主要取食各种野生植物或作物种子，有时食一些昆虫、蛙类、鸟卵等动物性食物，甚至捕食小型啮齿类。

东方田鼠

东方田鼠主要栖息在森林、森林草原或草原地区的低湿草甸、沼泽地、江河、湖泊、池沼等潮湿地区。东方田鼠洞

▼ 图 16　东方田鼠（*Microtus fortis*）属于啮齿目仓鼠科，体长 10~16 cm，尾长 4~7 cm

▶ 图 17　东方田鼠

穴很浅，一般深 30 ~ 40 cm，结构十分简单，窝由松软的草叶和羽毛构成，直径约 15 cm，洞口和通道上方常有草丛遮掩。也常在苔草土较高的侧面筑窝，藏匿其中。以植物的绿色部分为食，特别喜食苔草和大叶草。

东方田鼠一般 4 月下旬开始繁殖，繁殖期约 5 个月，每胎崽数为 1 ~ 7 只，平均为 5 只，哺乳期为 25 ~ 30 天，成年鼠年产 2 胎。长白山地区数量不大，为偶见种。

在长白山啮齿类中，属于鼠科的有黑线姬鼠、大林姬鼠、巢鼠和褐家鼠 4 种。

黑线姬鼠

黑线姬鼠多选潮湿地段筑洞穴居，一般较隐蔽，不易被发现。洞穴结构简单，有时甚至利用自然地缝、树洞及其他鼠类的废弃洞穴栖身。窝内有松软的垫草，多无贮藏室，个别有仓库，常贮有少量粮食和草籽。通常每一洞穴大多有 2 ~ 5 只鼠，越冬时与多只甚至数十只本种或异种群聚一洞栖居。

黑线姬鼠不冬眠，多夜间活动。善游泳，游速快，能潜游 1 ~ 2 米的距离。黑线姬鼠是以植物为主食的杂食性鼠类，

▼ 图 18　黑线姬鼠（*Apodemus agrarius*）属于啮齿目鼠科，体长 7~13 cm，尾长 5~10 cm

▲ 图 19　黑线姬鼠

▲ 图 20　黑线姬鼠喜欢在经过人类干扰的环境中活动

主要以豆、麦、谷、黍等粮食及草籽，植物根、茎绿色部分为食，春季大量捕食昆虫、蚯蚓、蝌蚪等小动物。有在洞内进食的习性，通常不贮藏食物，个别洞有贮粮仓库，仅贮存极为少量的粮食。

4—9月为黑线姬鼠繁殖期，每胎2 ~ 13只仔，每年产3胎，也有产 4 胎的。第一、二胎的幼鼠当年可达性成熟。黑线姬鼠属于古北界的广布种类，在长白山区广泛分布。

大林姬鼠

大林姬鼠是森林鼠类，主要栖息于针阔混交林、阔叶疏林、采伐迹地、塔头甸子及农田、草原等各种环境里。红松林内的数量多于落叶松、冷杉林内的数量。

窝多筑于岩缝中、树根周围的树洞中和枯枝落叶堆积物下面。洞道简单，有 2 ~ 3 条分支，以干草、枯叶做窝。当冬季地表被雪覆盖后，它们在雪层下活动，地表留有洞口，地面与雪层之间有纵横交错的洞道。大林姬鼠为夜行性动物，以夜间和傍晚活动为主，白天也偶见活动，有季节性迁移的习性。

大林姬鼠以植物的果实、种子为食，也吃昆虫，很少取食植物的绿色部分，在取食行为上，具有挖掘食物的能力。通常在洞外取食，洞内很少贮藏食物。一般在 4—11 月繁殖，5—6 月是繁殖高峰期，年产 2 ~ 3 胎，每胎一般 5 ~ 7 只仔。在长白山地区为优势种。

▼ 图 21　大林姬鼠（*Apodemus peninsulae*）属于啮齿目鼠科，体长 8~14 cm，尾长 7~12 cm

巢鼠

巢鼠栖息于山地、草原、低山丘陵灌丛、农田等各类环境中。在北方秋收后，大量迁移到粮食堆积地或稻草堆中。春末和初夏在地下筑窝，夏末则把窝架于草秆上，冬季就迁移到干草垛中或稻草堆中，或挖掘地洞穴居。巢鼠常在离地面 70 cm 以下的枝杈或茎叶之间筑窝，有如鸟巢，呈球状，略带椭圆形，外围直径 7 ~ 10 cm，内径约 3.5 cm。筑窝材料因地而异。窝构造极为精巧，窝壁共分 3 层，外层粗糙，中层较细，内层细软，常用苇絮、柳絮铺垫，光滑而柔软。窝通常只有 1 个口，窝时开时闭，封闭时鼠在其中，敞开时鼠已外出。

▼ 图 22　巢鼠（*Micromys minutus*）属于啮齿目鼠科，体长 4.5~9 cm，尾长 4~10 cm

◀ 图 23　巢鼠的窝

它们通常以夜间活动为主，灵活机敏，喜游泳，善攀缘，常以其尾协助四肢在植物枝丛茎、叶间或作物穗头上自由攀登移动。食物很杂，主要以植物种子、果实、绿色部分及根等为食，在黄昏时多捕食蝗虫、蜻蜓等昆虫。

长白山巢鼠在3—10月繁殖，年产1 ~ 4胎，一般每胎产仔鼠6 ~ 7只，多时可达10只。妊娠期为18 ~ 20天。幼仔出生15天后即可独立活动。

褐家鼠

褐家鼠属于家野两栖性鼠类，以家栖为主，尤其在北方，属人类的“寄生动物”，是人类居住区内的优势鼠种。食性很复杂，但以植物性食物为主，室内种群盗食人类的各种食物，室外种群主要以谷物种子和植物的其他部分为食，亦捕食少量的昆虫。同样以人类居住区为家的鼠类，还有小家鼠。小家鼠原始野生祖先分布于南欧、北非和中亚，现随着人类的活动，已成为遍及世界的人类伴生种。褐家鼠和小家鼠在森林里很少能见到。

▼ 图24 褐家鼠（*Rattus norvegicus*）属于啮齿目鼠科，体长13~25 cm，尾长9~23 cm

森林鼠的角色

森林中鼠类的数量和生物量要比其他动物数量总和和生物量的总和还要多，在森林生态系统中，它们是主要消费者和种子传播者，并在物质循环中占有重要的位置。这个庞大的群体分布在森林各个角落，不停地食地上植物枝叶、种子，地下根茎和虫子等。它们摄取森林中一切可食的东西，将这些物质转换为肉食性动物必不可少的蛋白质和脂肪，是维系着生态系统中食物链的一个重要环节。如果我们更深层地观察这些鼠类，从它们的生态习性和行为等方面来研究它们，我们就会发现森林鼠类是一群美丽、富有情趣、很有研究价值的小动物。

啮齿类动物中，松鼠的个头较大，也是人们比较熟悉的动物。它们可以把红松种子扩散到各个角落，使红松完成天然更新，扩大红松的分布区域。它们既是种子的消耗者，又是种子的扩散者，红松阔叶林的自然演替离不开松鼠的作用。

其他鼠类在森林中主要以种子消费者的身份出现，它们喜欢食林下各种植物的种子，这样多少影响了一些植物的繁衍，但是通过它们的觅食也可能控制一些植物的生长，使其不会过于密集，同时，它们在啃食大量植物过程中加速了植物体的分解，排泄粪便和挖掘洞穴等活动改善了土壤环境。

可是，森林鼠类常常啃食树木表皮，破坏其运输营养物质的组织，导致树木死亡。一般认为啃咬树木是啮齿类一些鼠类的满足生理需求的行为。

如果我们看到一些树根部有被转圈啃食的痕迹，那一定是棕背䶄、红背䶄或大林姬鼠的“杰作”。

它们喜欢啃食小灌木，从根基部咬断后所有枝条都是食物。对粗大的树木它们只啃咬树皮部的形成层嫩皮，啃食高度可达 60 cm，有时还更高，这个高度与雪深有关。

我们在观察长白山鼠类啃食树木时发现，鼠类啃食的树种有 20 多种，其中，它们最喜欢啃食的种类为紫椴，其次为红松和色木槭等。被鼠类啃伤的树一般几年后慢慢枯死。

大部分鼠类都有储存食物的习性，有的在很深的洞穴中储存，有的储藏在距地面不深的土层里，有的在倒木下的缝隙中储存。鼠类把散落在地面上的种子收集起来，建立了庞大的地下种子库。储存的食物不仅鼠类自身在消耗，还有许多动物在享受。那些有拱地和挖掘习惯的动物，如野猪、狗獾、狐狸和熊类等尝到了甜头，知道地下有鼠类埋藏的食物。野猪到处拱地和挖掘，甚至吃掉洞穴里的老鼠。由于鼠类构建的种子库诱使这些动物不辞辛苦地挖掘和拱地，地表土壤变得松软，改善了土壤透气性，加快了地表枯枝落叶的分解。

不同种类的鼠类在森林中各自占有不同的位置，表现了合理而复杂的同类之间的关系。在食物竞争方面，小飞鼠食高处的花序、树芽、浆果等。两种鼾在地面上食种子、灌木或乔木树皮等，长尾蹶鼠在地面或树上捕食昆虫或软体动物等。从栖息地方面看，有些鼠类喜欢潮湿的环境，有些喜欢干燥的环境，还有些喜欢生活在河流中。所以，鼠类的适应能力很强，在资源利用方面非常出色，其繁殖力也是超强的。

啮齿类惊人的繁殖力和生存本领使它们的数量一直保持着很高的水平。由于鼠类的大量存在，几种鼬科小型食肉类动物现仍生活于长白山温带森林中。因此，它们对森林生态系统产生的影响是深远的。

▶ 图 25　鼠类危害红松树干

滑翔的小飞鼠

卓越本领

在长白山啮齿目动物中，小飞鼠是唯一具有飞膜，能在树间滑翔的哺乳动物。从逃避敌害、扩大栖息地和获取食物范围的观点看来，滑翔的确是有利的，这点从善飞的昆虫和鸟类在数量上占动物总数中的压倒性的多数也可见一斑。

◀图1　小飞鼠

▶ 图 2　小飞鼠的粪便

▶ 图 3　小飞鼠把树芽堆积在树根下，供冬季食用

小飞鼠栖息于北半球针叶林中，在我国主要分布于西北和东北，向南延伸到中部。小飞鼠可以说是从附近的北方松林迁入到长白山温带森林中的代表。

由于小飞鼠是夜行性动物，所以人们要认识小飞鼠不是一件容易的事情。在啮齿类动物中，小飞鼠是很少为人所知且饶有趣味的哺乳动物之一。

小飞鼠属于哺乳纲啮齿目松鼠科，体形较小，全长约 20 cm。体基本色为灰色，最突出的特征是眼大而黑，尾毛长得类似箭头形状，扁平，呈羽状。常出现在针叶林、针阔混交林及白桦次生林中。在树洞中筑窝，也偶尔在树枝上筑窝，窝有多个，经常换着用。在东北长白山，它们4月份产崽，每胎不多于4个幼崽，哺乳期为1个多月。

小飞鼠是严格的夜间活动性动物，夜间活动非常灵活，一般从树上高处向下滑翔，很少在地面上活动。食物以坚果、松子、树芽、嫩枝为主，也食昆虫等动物性食物，桦树的花序是它们比较偏爱的食物。粪便排在它们居住的树根部，时间长了，粪便堆积得很多；幼体在洞内排便，堆积得也很多。

它们不冬眠，秋季收集大量食物储藏起来，以此度过严寒。这种眼大头圆，给人一种温顺感的小飞鼠白天几乎不出洞，其一生的大部分时间是在树上度过的。它们性情孤独，不好成群，虽然分布广，数量较多，但是人们轻易见不到。秋季它们采集一些嫩枝、嫩芽和花序，在树干洞穴或雪不能覆盖的地方一堆一堆地存放。每个存放点离它们经常居住的树洞不远，每个点食物数量不大，约为50克。这些食物可能是应急用的，如下大雪或特别寒冷的时候拿来充饥。当它们的天敌在周边频繁活动的时候，储藏食物也是它们为了自身安全采取的一种对策。

平时不管是秋季还是冬季，在天气状况不是很恶劣的情况下，它们都会滑翔到适口的树上直接啃食树芽和嫩枝。它们的食物一般很少有其他动物喜欢，唯独与花尾榛鸡有相同的食物选择。所以，与小飞鼠竞争食物的动物很少。小飞鼠大量取食树芽和嫩枝，对树冠层树枝的密度可能会起到调节作用。

树洞里的小生命

小飞鼠通常以树洞为家，所以经常与以树洞营巢的动物发生竞争。我们为中华秋沙鸭和鸳鸯制作了40多个人工鸟巢，挂在了它们活动、繁殖的河边大树上，可是当我们检查入住情况时，却发现有几个巢箱被小飞鼠占有。

有一次，我在很远的地方看到人工巢洞口似乎有东西，但模糊，看不清，再接近一些的时候，怀疑洞口处长了青灰色蘑菇。等我走到那棵树下，往上一看，啊，原来是小飞鼠。有4只小飞鼠幼体在洞口处整齐地排成一行，露出头，用大大的眼睛看着我。毛茸茸的小家伙太可爱了。不一会，它们一个一个把头缩回去了。它们是在等待妈妈给它们带来可口的食物，还是只是好奇地看看外边的世界呢？我在树下面等待片刻，想看看它们是否还会伸出头。然而它们没有再探出头了，我没有打搅它们，只是在下面放了一台红外相机。过了几天，再来到这里，我爬上树想看一看它们怎么样了。

▶ 图4　小飞鼠喜欢利用人工巢繁殖后代。毛茸茸的幼体探出洞口看着外边的世界

结果洞里是空的，只有一些苔藓、兽毛和粪便。它们应该已经长大了，妈妈带它们离开了巢箱，去了它们该去的地方。

要想寻找小飞鼠，敲打树干是一个好办法。这也是我在寻找中华秋沙鸭天然树洞巢的时候发现的。我沿河周边寻找有树洞的大树，找到后在下边用大铁锤敲打树干，这样可以轰出中华秋沙鸭。后来发现，这样敲打轰出的经常是小飞鼠。小飞鼠会从洞口露出头，看下边发生了什么，此时再敲打，它们就从洞口离开，滑翔到附近另一棵树上。滑翔的距离约为 20 米，滑翔时，它们四肢撑开，平伸，尾巴控制平衡。落到另一棵树树干下部后，贴着树皮往上爬，爬行速度缓慢，爬一段就停下来看一看。当我走近一点时，它们转向树干背侧，一直往上爬到树梢的高处，紧伏于树干上不动了。

由于小飞鼠体色与树干相近，因此极难被发现，只有当它们受到惊吓时，才会从一棵树上滑翔到其他树上，一般很少接触地面。我们发现，小飞鼠沿河分布较多，这可能和河岸环境中柳树分布得多有关。小飞鼠喜欢柳树的花序，饱满的花序含有丰富的糖分和水分。不单小飞鼠喜欢吃，山雀等许多鸟类也喜欢吃，甚至蝴蝶、蜜蜂都喜欢从花序中获得营养。

当今，人们对动物的关注越来越多，探明各种动物所具有的卓越本领及对环境的适应能力有助于我们加深对生物的理解。

揭开长尾蹶鼠的神秘面纱

稀有的长尾蹶鼠

长尾蹶鼠是一种鲜为人知的物种，它们的数量和种群增长的趋势是未知的，因此，世界自然保护联盟将其列为“数据不足”物种。据报道，长尾蹶鼠原产于中国东北和俄罗斯的乌苏里地区，在库页岛、朝鲜也有发现。

动物学家根据几个有限的标本描述了长尾蹶鼠的体貌特征。长尾蹶鼠外形与巢鼠相类似，体重 8 ~ 10.3 克，体长 59 ~ 71 mm，体形较小。尾长 96 ~ 118 mm，约为体长的 1.66 倍。耳长 12 ~ 13 mm，近圆形。体背为鲜明棕褐色，背脊色深，杂以黑黄褐色，腹毛端呈灰白色，毛基呈污白色。前后足背面被白色短毛，掌、跖均裸秃。尾同背呈棕黄色，下面呈稍淡的灰黄色，上下色差不甚明显，几乎一色。

长尾蹶鼠主要栖息于针叶混交林、灌木丛和塔头苔草沼泽等环境中。它们以树洞为隐匿场所，昼伏夜出，于黄昏和夜间活动。

长尾蹶鼠数量极少，极难捕获。长尾蹶鼠的标本最早见于 20 世纪 50 年代，是中国科学院动物研究所在吉林省临江市获取的，但标本已遗失。吉林省地方病第一防治

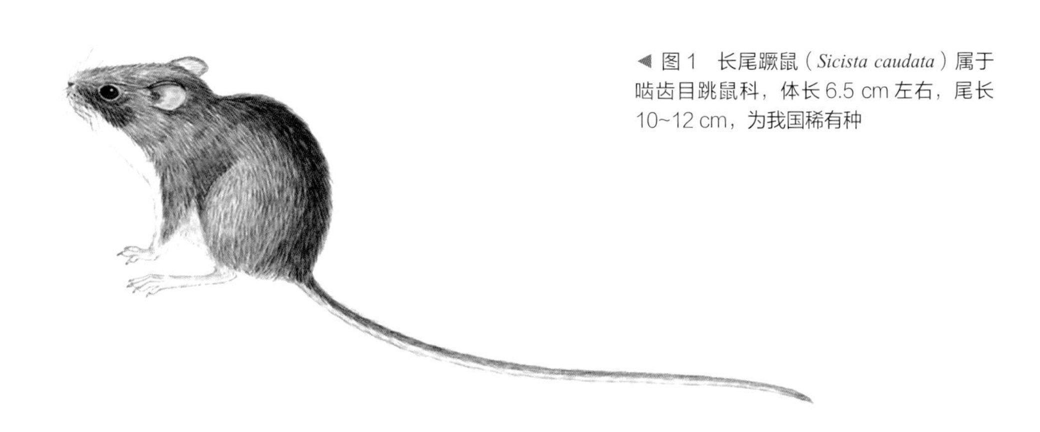

◀ 图 1　长尾蹶鼠（*Sicista caudata*）属于啮齿目跳鼠科，体长 6.5 cm 左右，尾长 10~12 cm，为我国稀有种

▲图2　长尾蹶鼠

研究所现仅存一个采自吉林省临江市三岔子森工局哈尼的长尾蹶鼠头骨有残标本。另外，黑龙江省卫生防疫站藏有一个雌体头骨标本，但也已破碎。

长白山的蹶鼠种名尚有异议。以往认为该鼠与四川、甘肃、青海及黑龙江的同为中国蹶鼠。最近，依据“尾长率=1.66”等度量指标以及头骨特征认定，长白山区所产的应为长尾蹶鼠。蹶鼠属的动物虽然在某些地区有分布，但由于它们完全是夜行性的，因此，很少见到它们的踪影。

我国的蹶鼠种类有3种，即长尾蹶鼠、草原蹶鼠和中国蹶鼠，后两者分布在内蒙古、新疆和四川，它们栖息在潮湿的草地、河流和凉爽潮湿的森林中。到目前为止，人们对它们的自然史知之甚少。

多年来，我们在长白山不同垂直带开展啮齿类数量和种类调查，采用笼捕和木夹捕捉方法均没有采集到个体。2007年开始研究长白山鼩鼱的时候，我们尝试了陷阱捕捉方法，共采集到12只长尾蹶鼠。大部分标本是在河边白桦次生林中采集到的。和大多数珍稀野生动物一样，动物学家很难在野外环境下观察其习性。2018年我活捕到5只长尾蹶鼠，成功地养活了3只，并通过饲养和观察，获得了一些有关它们的生活习性的信息。

▲ 图 3　长尾蹶鼠从洞口露头

▲ 图 4　长尾蹶鼠喜欢在树洞中休息或隐蔽

▲ 图 5　长尾蹶鼠过公路

长尾蹶鼠的喂养几乎和喂养实验室老鼠一样简单，只是在管理上有些不同。为了让长尾蹶鼠满意，我们必须给它们的笼子里添些土，并且提供丰富的树洞材料。我们发现，在饲养环境中，这种鼠性情非常温顺。当人触摸它们的背脊时，它们会一动不动地待着，而不是很快逃离，也没有危险的攻击行为。

长尾蹶鼠的长尾巴

在长白山兽类中，长尾蹶鼠的尾巴与体长之比最大。这长长的尾巴究竟能起到什么作用呢？我们在饲养笼子里和野外做了一些实验，通过观察发现，长尾蹶鼠擅长爬树，是出色的攀爬者。它们用长尾巴钩住枝条倒挂，从而在枝条间穿梭。从树上下来时，也常借助尾巴，头朝下缓慢下来，尾巴是它们的支撑工具。

长尾蹶鼠虽然是跳鼠科的一员，但没有观察到它们从树上往地面上跳，它们在地面上也不跳跃。在地面上活动时，尾巴有些拖地，但很少弯曲或翘起。从尾巴的利用角度分析，长尾蹶鼠可能喜欢在树上食各种虫类和果实。

它们很少挖土洞，在没有树洞情况下，常钻入枯枝落叶层隐蔽，而不是在地上挖洞。它们喜欢选择树洞入住，在黄昏和夜间活动最活跃，白天几乎很少出来，躲在树洞里非常安静。

长尾蹶鼠不储存食物，每天的食量很少，几乎一天消耗一个蚕蛹或一两粒花生米就能够维持正常的新陈代谢。在一个生物多样性丰富的森林中，各种昆虫幼虫和果实足以满足

▶ 图6　长尾蹶鼠在树干上活动

▶ 图7　长尾蹶鼠借助尾巴在树上灵活移动

它们少量的食物需求。

我们通过饲养发现，长尾蹶鼠的食物并不繁杂，主要以昆虫为食。每次实验我们放几种它们可能食的食物，分蛋白类、水果类、坚果类、浆果类、植物类等，观察它们对食物的选择。实验结果显示，它们主要选择蚕蛹、花生米和苹果，有时也食山荆子、李，不吃树叶和草，也不啃食树皮和松子、榛子等坚果。如果食物缺乏，它们也吃少量的饼干或面食等。给水观察发现，它们几乎不喝水，说明长尾蹶鼠体内对水的需求是靠食物满足的。

长尾蹶鼠可能倾向于群居生活，个体之间几乎没有争斗，多数情况下几个个体相依在洞穴中或草堆下缩成团休息。它们休息时体态奇异，把长长的尾巴缠绕在身体周边，酷似用尾巴缠住身体，总体呈球状，有时腹部朝上，但头部完全埋在腹部中。

我们在观察期间很少听到它们的叫声。它们夜晚出来觅食的时候有时会发出很低弱的声音，叫声很细，婉转且短，2 个音节，像一些昆虫的叫声。如果不细心听的话，是感受不到的。也许它们在遇到危险或其他情况下偶尔出声。

它们可能是冬眠动物，有些文献记载，它们冬天冬眠至少 6 个月。在饲养情况下，还没有迹象表明它们要冬眠。但是，在外界环境温度低的情况下，它们的活动比较迟钝，就像是假死一样，腹部表现出呼吸波动，但是不管怎样触动它们，身体也没有反应。当初以为它们要死了，把棉布盖在它们身上，结果它们不久就恢复了活力。

被圈养的 3 只小动物为我们了解该物种的生活习性提供了机会，这是一件令人兴奋的事情。通过饲养它们，我们能够亲密接触这些陌生而奇特的动物，勾勒出它们的生态习性，让它们的故事得以展现在世人面前。

我们还很不了解它们在森林生态系统中的作用。它们究竟扮演着什么角色还有待进一步探索。长尾蹶鼠的种群数量为什么很少？哪些因素可能影响它们的种群数量？它们是如何适应环境的？要回答这些问题，我们需要深入了解此物种的长期进化过程和生活史特征。这些答案对于自然保护区等来说是至关重要的，在制定物种保护计划时可以作为依据。

松鼠和红松林

红松林的使者

如果我们走进长白山森林深处细心观察的话，会发现眼前显示的是层次分明的森林演替痕迹。成熟的老龄红松树、即将步入成熟期的壮年红松树、脱离幼年期进入亚林层的小红松，以及刚刚破土的红松幼苗和几龄的幼树组成的更新层，我们看到的是兴旺发达、结构完整、世代交替有序的有生命栖息的森林。那么，是什么力量促使红松森林更新的呢？

▶ 图1　红松球果经过两年成熟，球果主要结在树冠层中

▶ 图2　红松球果

▲图3 松鼠

长白山红松阔叶林是北温带针阔混交林的典型植被，同时也是亚洲北半球温带森林中结构最复杂、物种最丰富的。其优势树种红松是非常珍贵的树种。红松最重要的生态学特征之一是红松球果成熟后不能自行散布种子，需要依赖动物将种子从球果中取出来再传播出去。

科学家通过试验观察红松球果落地后的发芽情况，证明了红松种子从球果中脱离出来以及种子的传播是不能靠其本身或借助自然物理作用的，红松种子的传播和更新需由动物来完成。松鼠和小型啮齿类及一些食种子鸟类以红松种子为食，它们在取食、搬运和贮藏种子的过程中将种子遗留于地被中，是红松天然更新苗木的种子来源。这些以红松种子为食的动物对红松种子传播、红松的天然更新和扩散起着决定性作用。红松分布区的扩大和正常更新取决于传播动物的数量和觅食活动。

长白山喜食红松种子的动物约有20种，其中，松鼠、星鸦、锡嘴雀、黑头蜡嘴雀、花鼠、大林姬鼠为主要消费者。星鸦、锡嘴雀、黑头蜡嘴雀和松鸦主要取食在树冠未落地的球果中的种子，其他啮齿类和大型动物均在地面取食种子。这些消费者通过消耗大种子和小种子控制森林植物组成，起到控制植被的作用。

▲图4　星鸦

▲图5　星鸦

松鼠是长白山森林中主要的种子传播者。它们通过储存食物的行为，把大量的红松种子和其他一些大种子传播到森林各个角落。松鼠是以红松种子为主的土壤种子库的制造者和红松物种扩散与繁衍的贡献者。

勤奋的松鼠

这种啮齿类动物身体较长，尾巴又长又粗。小脑袋不大，长着一对黑黑的大眼睛，两只溜溜的小耳朵，耳朵尖上长着长长的黑色丛毛，像扇子一样张开，很是惹人爱。身上是灰色的，尾巴和头部是黑色的，胸脯是白的。有时也可以碰到身上带有黄点的。

松鼠这种动物有时在一个地方住好长时间，有时搬来搬去，这就要看它们选择的地点食物多不多了。松鼠事先就能知道哪里果实丰收，哪里果实歉收，然后就提早搬家，或者到柞树林中，或者到松树林中，再不就到长着榛子的阔叶林中。松鼠成天到处跑，即使刮风下雨，也要从洞里钻出来，在树上乱窜。可以说，它们一刻也不能安静，直到天黑时才蜷起

◀图6　松鼠搬运球果

身子，把尾巴贴到脑袋上，一动不动。天一亮，松鼠就爬起来，似乎对它们来说，运动就像水、食物和空气一样必不可少。松鼠的主要敌人是蜜狗子、紫貂和猎人。

在冬季来临之前，松鼠个体就要在1平方千米左右的领地范围内到处建立小粮仓。我们通过对冬季松鼠储食穴分布的初步调查发现，松鼠在埋藏种子的时候，没有明显的对埋藏点生境的选择，基本为在活动区域内均匀地埋下种子。在种子丰年埋藏区域大，反之则小。松鼠和星鸦喜欢在林间运

▶ 图 7　松鼠把容易在土壤中腐烂的紫椴种子挂在树杈上储存

▶ 图 8　松鼠贮存的食物

材小道或曾被机械破坏过地表的地段以及次生林中大量埋藏种子，这种环境中红松更新苗较其他草本植物或灌木分布密集。

冬天，松鼠会非常准确地找到许多小粮仓的地点，食粮仓的食物度过严寒。如果粮仓的主人储存的种子过多用不完，或主人被捕食者吃掉，埋藏的种子到了第二年春暖花开的时

◀ 图 9　红松芽苗

◀ 图 10　松鼠每个储存点一般埋 5 粒左右的红松种子，这是被遗忘的种子萌发的一丛红松幼苗

候就会获得发芽的机会。

我们在冬季不同雪被条件下观察松鼠寻找埋藏的种子的能力，发现松鼠寻找埋藏食物点的准确率超过 90%。11—12 月通过统计有红松种子皮的取食穴数，推算了松鼠埋藏的种子被鼠类消耗的比例，结果是 36%，远低于人工埋藏的种子被鼠类消耗的比例——99%（这使得红松直播造林成功率不高）。我们的研究认为，松鼠埋藏红松种子的时候，可能释放某种分泌物来防止鼠类盗食，并通过分泌物信息方便自己

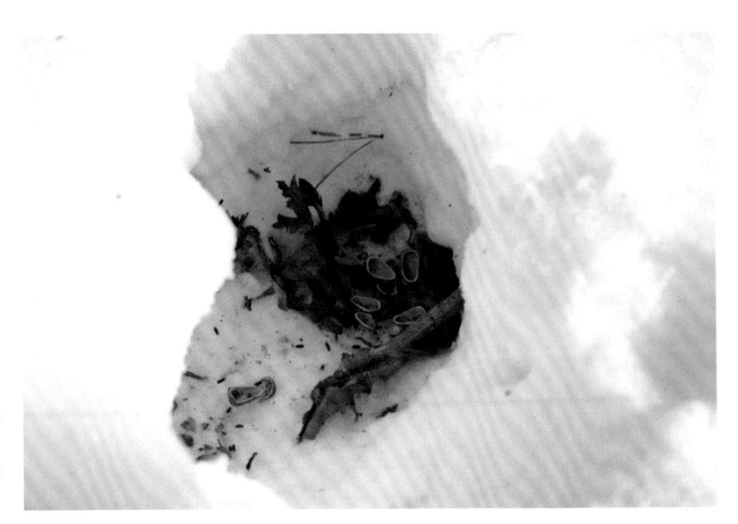

▶ 图 11　松鼠非常准确地找到秋季埋藏的种子，在储食穴中留下吃剩的果皮

再取食。

松鼠年储存红松种子量是多少？能传播多远距离？我们进行了松鼠 10 个领地的定期跟踪观测，研究松鼠活动面积和相对种子埋藏量及传播距离的关系。研究结果表明，每只松鼠可储存种子 18 千克左右，其储存食物面积为 1 ~ 2 平方千米。由此可见，松鼠的储存种子行为对丰富土壤种子库有着重要的作用。通过纯阔叶林中距红松母树不等距离取样调查发现，红松更新幼树距母树的最大距离为 800 米，出现率主要集中在 200 米以内。

松鼠的贡献

松鼠所储存的食物为多种动物提供了冬季食物，如其他啮齿类动物、松鸦和野猪等。松鼠不仅在夏季是食肉动物的美餐，而且因为不冬眠，在冬天几乎成为紫貂等食肉动物的主要食物源。我们的研究发现，在红松种子因人为因素而流失严重的地带，一般松鼠数量较少，相应的食肉动物也少。反之，在松鼠数量很多的区域，猛禽和紫貂出现的概率也高。

许多较大的食肉动物，诸如猞猁、豹猫和熊都能以小型啮齿目动物为食。虽然它们主要捕食大中型猎物，啮齿目动物只是它们的一种缓冲食物。在长白山地区对50个紫貂粪便样本所做的分析表明，它们约80%的食物是啮齿目动物，其他为鸟类和坚果等。

喜食红松种子的松鼠受到食肉动物的抑制，从而使消耗种子的动物数量维持在一定水平，使地面种子不至于全部被消耗，剩余的种子可进入更新过程。可见，松鼠数量的变化对于红松自然更新，食肉动物、植食性动物和阔叶红松林的稳定性具有重要的意义。

长白山森林经常有大雪覆盖，雪被厚达50 cm或更深，这样的年份给许多动物带来移动和获取食物的困难。小型啮齿目动物都在雪下进行取食活动，很少到雪上活动。主要以鼠类为食的紫貂面临取食艰难的困境。有趣的是，在松鼠挖掘的地方，我们发现有紫貂取食红松种子的痕迹。紫貂没有抓到松鼠，就过来享受松鼠储存的食物。紫貂循着松鼠挖掘的点找到种子，开始一粒一粒连皮带仁咀嚼，并将嚼碎的松子皮吐出。在红松、松鼠和食肉动物三者形成的食物链中，如果我们把松鼠从这个群落中移出，那么红松的传播和自然更新就会受限制；如果从群落中把红松种子移走，那么该生态系统中以红松种子为主要食物的松鼠种群数量将会减少，进而使其他动物种群受到影响。由此可见，松鼠在很多方面对维护阔叶红松林生态系统的功能起着重要的作用。

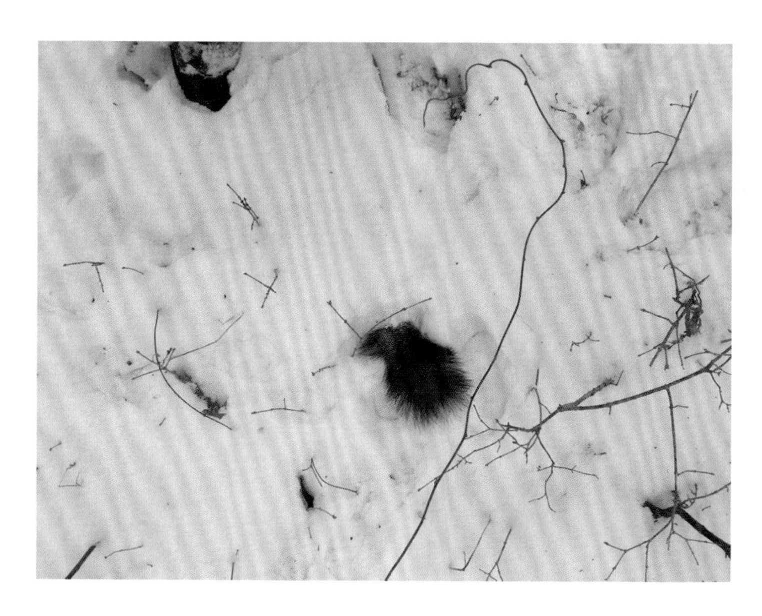

◀ 图12　被天敌捕食后留下的松鼠尾巴

04 温带森林

野生动物的家园

长白林海

走进长白林海

我相信很多人会赞同联合国前秘书长、山地爱好者达格·哈马舍尔德的说法，他这样说：“要是人们有闲暇，让思绪徜徉于广阔的景观之中，我们或许可以让视线超脱于纷繁的人生困扰。”山地一如既往地保持着对人类的吸引力。对山地森林的了解越多，我们越能发现它们对人类的重要性。山地占地球陆地表面的大约 25%，养育着世界约一半的人口。自 1992 年在里约热内卢召开联合国环境与发展大会以来，山区的复杂性及其蕴含的人文和自然资源一时成为人类关注的焦点。

我们越来越清楚地了解到不能把山区看作隔绝的孤地这样一个事实。相反，山区与自然、社会及经济紧密相关。把科学家与本土居民的努力结合在一起有助于我们破

▼图 1　长白山景　　▶图 2　长白山天池

▶图3　瀑布

▶图4　悬崖峭壁

解许多棘手的山区问题。因为气候变化的影响在山区这些极端环境中被严重放大，所以山区环境变化监测就越来越重要了。山区的冰川消融、永冻层变化及土壤侵蚀加剧都是气候变化的重要指征。除气候问题，短缺的水资源、毁林，以及土地利用等方面的冲突也是困扰着世界许多地区的难题，这需要我们从森林中寻求答案和获取灵感。长白山就是这样一个蕴含巨大研究价值的山地。大自然都是很美丽的。在你游览了许多地方后，你就会感受到，梦幻般的美景不仅存在于

◀图 5　长白山 U 形谷

◀图 6　松花江上游

古老传说里，也存在于现实世界中。长白山是亚洲最古老的原始森林，不管什么季节这个森林里都充满了令人目不暇接和叹为观止的风景。这里有美丽的火山口湖，奔腾不息的瀑布从悬崖峭壁上飞流直下，不同颜色的花朵点缀着高山花园，充满历史痕迹的悬崖陡壁让人胆战心惊，高山上树干弯曲的岳桦刚毅坚定并顽强地生存着，这些景观让人陶醉。参天大树环绕着主峰下面广阔的区域，强壮挺拔，直插云霄。当地人将这个辽阔的森林比喻为“长白山林海”。

松花江以南山地的总称为东部山地，也叫长白山地。长白山地的南部地势较高，最高峰白头山处于中朝边界线上，海拔为 2 744 米，是东北山地的最高峰。其地貌是熔岩地貌广泛发育和水流作用形成的。大约 6 亿年前，长白山所在地区还是一片汪洋大海。从元古代到中生代，长白山地壳发生了一系列的断裂和抬升，岩浆沿地壳裂隙大量喷出地面，堆积在火山周围，使长白山体高耸成峰，形成同心圆状的火山锥体，有 16 座海拔 2 500 米以上的奇峰罗列在火山口周围。长白山是一座暂时处于休眠期的活火山，山上有许多温泉涌出。长白山温泉是火山活动的产物。在白雪皑皑的冬天里，温泉让人觉得格外暖和舒适。在长白山森林腹地，河流的作用形成森林大峡谷，上百条溪流汇集成松花江、图们江、鸭绿江 3 大水系。

当人们攀登长白山主峰时，可以从下到上看到山前熔岩台地、山麓斜坡和长白山火山体 3 种地貌类型。其中，熔岩台地分布于海拔 600 ~ 1 000 米的地方，所占面积最大，主要由玄武岩构成；山麓斜坡海拔为 1 100 ~ 1 800 米，围绕着火山体，坡度较大，面积很小；海拔 1800 米以上由各种火山喷出的火山灰和浮石等组成，还有一些岩石和凝灰岩。关于长白山火山爆发，历史记载的有 1597 年、1668 年和 1702 年共 3 次。但是科学界通过对炭化木的同位素测定认为，对于长白山植被的毁灭性火山爆发是在 1100 年左右的一次大爆发。

独特的垂直带景观

长白山林海以温带针叶阔叶混交林为主。在地球上，针阔叶混交林有互不相连的 3 大块，分布在北美的东北部、欧洲和亚洲东部。它们各有不同的分布特色、气候特点和植被组成。3 块相比较，东亚这片针阔叶混交林是最有特色的，不仅在群落结构上最复杂，而且具有过渡性和特有的独立优势度类型，如被称为“北国之松”的红松林是我国针阔叶混交林所特有的类型，浓缩了整个北温带到极地范围之内的大部分生物景象和生物类型。

随着海拔的增加，气温和降雨量发生变化，因而山地存在着植被的垂直变化。在我国温带针阔叶混交林地带中，海拔最高的长白山山地植被垂直变化最明显，可分为高山冻原带、亚高山矮曲落叶阔叶林带、山地寒温带针叶林带、山地温带针阔叶林带等 4 个垂直带。

人们常用“一山有四季，十里不同天”来形容长白山的自然景观，在 50 多

◀图7　针叶林

◀图8　红松阔叶林

千米的范围内，随着海拔的增加，长白山的气候、土壤和植物都呈现出层次分明的变化。在海拔500 ~ 1 100米的山地上，生长着茂密的针阔叶混交林带。海拔1 100 ~ 1 700米是暗针叶林带。这个林带里主要生长着红皮云杉、鱼鳞云杉、臭松和落叶松等树种。当海拔上升到1 700米以上时，气候变得寒冷起来，这里只有岳桦林在寒风中展示着它秀美的风姿。

在长白山上，岳桦林是分布在海拔最高处的树木。岳桦是典型的北极圈内的寒带植物，在我国温带针阔叶混交林地

▶ 图 9　阔叶林

带构成森林垂直分布的上限，是构成亚高山矮曲落叶阔叶林带的代表性优势类型。长白山是地球上岳桦林在温带地区的唯一分布地。岳桦林带长年有大风，岳桦树都向着一个方向匍匐着，多呈舌状沿沟谷向高山冻原延伸，与高山冻原犬牙交错。由于气候寒冷，多风，土壤不发育，土壤 A 层下面一般就是 C 层（母质层）。在这样的条件下，岳桦多为灌木型，并多无性繁殖。由于风力强大，岳桦所表现的矮曲习性最明显，下木以牛皮杜鹃为主。尽管岳桦林生长得不高，林木稀疏而不具备木材生产价值，但是它对于保护高山的生态环境具有重要的意义，对于保护高山地区的生物多样性也具有不可代替的作用。

在海拔 2 100 米以上的地方，基本见不到大树了，只有一些多年生的矮小灌木、草本植物和苔藓顽强地生长着，植物学家把这样的地方叫作高山苔原带。高山苔原带的植物有百分之七八十都属于极地物种，而这些物种只有在北纬 65 度以上，接近北极圈的地方才能够看到。在长白山这片山地，垂直距离不到 50 千米的范围内就浓缩了欧亚大陆的众多生物景象。

▲ 图 10　岳桦矮曲林。卓永生摄

▲ 图 11　苔原景观

▲ 图 12　苔原带

大林海的成员

落叶松林在这个区域呈斑块分布，是非常美丽的，它们给10月的大地涂上了金色。或是因为它们使土壤变成酸性，因此能使土壤长出兰科植物中最美丽的布袋兰，还有结深红色浆果的矮小越橘。落叶松林也是野生动物的乐园，有雉科的黑琴鸡和花尾榛鸡在这里食浆果，熊类也常光顾这里饱餐野果。秋季，这里的开阔地也是马鹿们发情争偶交配的场所，鹿鸣响彻整个山谷，回荡在林间。

长白山林海还有大片沿林间道路分布的山杨、白桦林，不管什么季节白桦树的树干都是白色的，在林海之中尤为显眼。山杨、白桦是林地遭到干扰后首先长出的先锋树种，它们为其他喜阴树种，如红松幼树遮挡阳光，有利于喜阴植物的生长。它们的叶芽可为花尾榛鸡、小飞鼠和许多山雀提供食物。因刮风或积雪而掉落在地上的枝条也是狍子、马鹿和东北兔的美餐。秋天白桦林中零星生长的槭树叶红而透明，与白桦混在一起，使整个森林变得色彩斑斓，有白色、红色、绿色、黑色、棕色……冬季里白桦树叶子落光，微风摆动着它们那光

▶ 图13　夏季的落叶松林

◀图 14　白桦林

◀图 15　泥炭沼泽

秃秃的细枝条，在夕阳的照射下疏影婆娑，再加上白皑皑的地面上各种动物印上去的足迹，构成一幅美丽动人的线条画。

人们将沼泽地称为“地球之肾”。长白山森林沼泽也是林海非常重要的成员，是森林树木依赖的水积聚地和维持河流水量的水源地。长白山林区湿地类型可分为河流、湖泊、泥炭藓沼泽和泥炭沼泽。其中，泥炭沼泽在长白山岳桦林带分布，面积仅为 1 000 平方米左右，海拔 1 800 米，是我国东部海拔最高的泥炭沼泽。它的独特之处在于形成过程中没有经过泥炭藓沉积过程。这种沼泽具有重要的研究价值，而且景观优美。

长白山的沼泽养育着不少珍稀动物，如中华秋沙鸭、黑鹳、东方白鹳等国家一级保护水鸟。黑鹳和东方白鹳喜欢在石砬子或大树枝杈上筑巢，中华秋沙鸭和鸳鸯在有洞的树上做窝，每年 5 月或 6 月，给林中的河流或沼泽湿地带来毛茸茸的小鸭子。沼泽地还有其他游禽、涉禽及河岸鸟类 60 多种，中国林蛙、中华蟾蜍、东方铃蟾、极北鲵和吉林爪鲵等 10 余种两栖类。其中，吉林爪鲵是世界性珍稀物种，分布在长白山河流湿地。沼泽地还生活着丰富的水生昆虫和其他软体动物。沼泽地可能是生物多样性最丰富的生境类型。

长白山红松阔叶原始林为成熟老龄林，不同年龄组的乔木、枯立木、倒木、更新幼树和枯枝落叶层构成了结构复杂的原始景观。它为动物提供了良好的栖居场所、隐蔽条件和食物来源，从而决定了森林内野生动物种类和数量的丰富度。红松作为林海的旗舰种，以其特有的魅力展示着自己的生态美。

我国著名生态学家王战教授说："红松全身都是宝，更重要的是，其经济价值超过它的本身。特别是红松的蓄水量很

▶ 图 16　吉林爪鲵

◀图 17　极北鲵

◀图 18　中华蟾蜍

大，一棵红松就是一座小水库。红松林里，下两个小时大雨，地表上也没有径流，都被红松根部储存起来了。”鸭绿江、松花江、图们江汇集了森林大树赋予的清泉，负载着远古的幽梦和人类的希望，从长白山蹒跚走来，穿过森林，流过峡谷，沿途接纳了上百条大小河流，洋洋洒洒、不舍昼夜地向着大海奔去。

长白山自然保护区这片以红松为主的针阔混交林曾经是

野生动物的乐园，东北虎、梅花鹿、狼、狗熊和野猪等大型动物在这里生息繁衍。现在在这片土地上，仍生存着56种兽类、270种鸟类、24种鱼类、22种两栖爬行类。在这么小的范围内能有这么丰富——占整个东北的动物种类数的80%以上的物种，可以说长白山是非常宝贵的生物基因库和丰富多彩的自然博物馆。

在我们这个地球上，原始林已经十分鲜见了。长白山的红松阔叶林是我国现存不多的原始林中极有价值的一个群落。原始林包含了该区域中生物种类的组合、生物与环境间相互作用过程以及经受干扰后的演变过程的最为完整的记录。历史上，红松阔叶林资源曾多次惨遭破坏。1905—1945年，侵华日军的掠夺性采伐持续了近半个世纪，给长白山的红松森林资源造成了几乎是毁灭性的破坏。

东北是我国木材的主产地，在采伐的最高峰年代，东北的木材产量占全国的50%以上。经过50多年的大规模工业化开采，东北大兴安岭、小兴安岭、长白山的很多林区都陷入了资源枯竭的困境。原先盛产红松的小兴安岭林区的红松林的面积由400万公顷锐减至不足4万公顷，红松已经成为濒临灭绝的树种。

▼图19　风灾区

除了人类活动影响外，自然灾害也不断影响着这片森林。如 1986 年 5 月 26 日，一场从朝鲜半岛登陆的台风袭击了长白山的原始森林。在这场风暴中，仅在长白山的西坡，就有面积约 80 平方千米的红松林遭到破坏。

1960 年，我国建立了长白山自然保护区，使面积达 19.64 万公顷的较为完整的原始森林被保护了下来。1980 年，长白山自然保护区加入联合国教科文组织“人与生物圈”计划，是中国最早入选该计划的保护区。这片人类珍贵的自然遗产终于得到了有效的保护。

长白山的四季

长白山纬度高，故这里春天来得要比别处晚。清明时节，即每年的 4 月初是冰消雪融水入江的季节。山腰下的冰雪开始融化，早春花开始破雪绽放，小草的嫩芽陆续钻出地面，展示它们的自然姿色，满山充满了春天的气息。而此时，山巅

▼ 图 20　长白山森林秋季景色。卓永生摄

▲图21　枫叶

还是银白一片，苔原带、岳桦林带也还是残雪遍布，一种生命力较强的植物——高山杜鹃却开遍了沟谷和山坡。淡黄色、乳白色的花朵清秀优雅，与近处残留的冰雪和山巅的银装相映，恍如仙境。到了5月末6月初，山上的气温依然比较低，冰雹和雪花常常袭来，残雪依然遍布，草木却已生出绿芽，清冽的气息中弥漫着勃勃生机。

长白山的夏天绚丽多姿，茫茫林海一望无际，是绿的海洋、花的世界、昆虫的天堂。在这个季节里，雨量充沛，天气变幻莫测。上有天池水汽，下有森林与河流，整个林海常常被浓重的雾气笼罩。新增长的松树枝节、松花、萌生的枝条均充满了夏季生命的活力。

长白山的秋景最令人感到欣喜和充实。秋霜点过，浩瀚的林海变成了多彩的世界，红的枫、黄的杨、白的桦、绿的松，真可称得上是“层林尽染”。尤其是在林缘，满山的槭树火红的秋叶镶嵌在林海中，与黄杨和白桦交相辉映，更增艳丽。

在秋季的头一场霜降下后，从高空中俯视，我们见到的

◀ 图 22　夏季弯曲的岳桦

◀ 图 23　岳桦和 U 形谷河流秋景

◀ 图 24　岳桦秋色

是金黄色的环，这个环镶嵌在红色的苔原带和绿色的针叶林带间。然而，金色的叶子只是短暂的存在。风雪来临，叶子随着风雪凋落了，飘落在地上。这时我们看到的是一根根坚硬弯曲的树干和光秃秃的细枝在风的力量下微微摆动。地表禾本科植物大多已枯死，唯独牛皮杜鹃和小越橘等灌木叶绿挺拔，还有直立的花芽。秋天开始，这片林地没有了蝴蝶、蚂蚱子，鸟也很少光顾，只能听到石堆或土堆中生活的高山鼠兔的声音。此时，能感受到的是大自然的声音，树木、草和动物对自然作用的适应和理解。

秋天是收获的季节。每到这个季节，长白山人忙着接受大自然慷慨赠予的礼物，打松子、采蘑菇、拣榛子、收木耳、摘葡萄、挖人参。其中，进入红松林中采收松子是长白山地区人们的传统生活方式。人们常说，长白山有人参、貂皮、鹿茸3件宝。其实大森林中蕴藏着无尽的宝物，茂密的原始森林为人类提供了广阔的生存空间，人类也对原始森林抱有深厚的感情。

这些年来，松子在市场上的行情日渐向好，采松子就成为一个有利可图的副业。开始的时候，住在森林边缘的山民

▶ 图25　成熟的果实

◀图 26　动物食痕

们三三两两地进山采松塔，现在，长白山森林被划成若干个地块，然后再用拍卖的公平合理的方法把松子的采摘权承包出去。如此一来，在每年的秋天，长白山森林就成了一个巨大的果园，森林中洋溢着丰收的喜悦。在这个季节里，森林中的动物们要尽可能多地进食，这有利于它们迅速形成脂肪层来应对食物匮乏的冬季。松塔是森林中最美味的食物，松子中富含植物脂肪、淀粉、蛋白质等高热量成分，可使动物快速形成脂肪。黑熊在冬季来临前要大量取食红松松子，储备厚厚的脂肪层以安全度过冬天。

长白山森林动物中，有 26 种动物直接取食红松种子。长白山的气候特征使许多动物具有存储食物的习性，如高山鼠兔大量存储草本植物，小飞鼠存储树芽，花鼠、松鼠、星鸦和松鸦存储大量的种子，小型啮齿类也存储越冬的食物。这是动物们应对严寒冬季的策略。

长白山的秋天非常短暂，用不了多长时间，严酷的冬天就要来临。在第一场雪之后，风中的寒气就变得越来越强烈了，用不了多长时间，积雪将会覆盖地面，寻找食物将变得异常艰难。在这个季节，许多动物有自己的对付即将到来的严冬的方法——冬眠。在长白山，20 种兽类、20 余种两栖爬行动物和多数昆虫均以冬眠方式度过严寒。

冬天的长白山一派银色的北极风光，整条山脉披上了白色的外装。树冠、树枝上盖着厚厚的白雪。这个季节，树木花草进入了冬天的沉睡，一些动物进入了冬眠，只剩下一些不冬眠的动物在雪被下忙碌着求生存。

▶ 图 27　冬季的长白山

▶ 图 28　雪墙

树洞里的秘密

树洞

在森林、路边、农田、村边和溪流河岸等地方，我们经常可以见到大树上形态各异的树洞。动物们经过树洞旁时，时常会好奇地探望一眼，观察一下洞内的世界，看看是否有什么东西在里面。人类也是如此。人类对树洞的兴趣有着悠久的历史，这是由于天然形成的古树洞中时常藏有蜂巢，从中可以获得营养丰富的野生蜂蜜，也可能有鸟蛋，还可以捕捉到珍贵的毛皮兽，这些诱惑都使人们对树洞产生了好奇心。

◀ 图 1　裂口式树洞

▶ 图 2　树杈自然腐烂形成的枯洞

▶ 图 3　树杈受损后形成的枯洞

很久以来，童话故事、电影和文学作品中常常提到树洞的故事。童话故事里的人物常找个树洞来倾诉心事或秘密。所以，树洞便成了隐藏秘密的象征。

实际上，大部分的树洞是在老龄树上出现的，也偶尔见于小树上。森林中有些树到年老时，树心会自然腐烂，成年累月逐渐形成空洞。有些树干侧枝折断，在雨水和菌类作用下慢慢腐烂形成树洞。有些树洞是某些穴居动物的杰作，这些动物会在树木主干松软处挖掘出洞口圆圆的树洞作为自己的巢穴，如啄木鸟、鼠类等。树木身上这些洞是包括鸟类、甲壳虫和一些小型哺乳动物在内的动物们的家，它们不仅可以为这些野生动物遮风挡雨，而且还是这些小动物们筑窝和繁衍后代的家园。

我们看到的大大小小、不同形状的树洞是经过漫长岁月才形成的。最近一些学者研究认为，树洞内木质分解速率与其相对含水量有关。树洞在水平方向的扩展速度非常缓慢，但在竖直方向的扩展速度是水平方向的 8 倍以上。在这一分解速度下，大约需要几十年或上百年时间才能够形成一个较大的树洞。对于那些需要大洞口、不会自己营造树洞的动物而言，只能寻找这种在缓慢分解作用下形成的天然洞穴，而栖息于森林中的啄木鸟等动物可以开凿出适合自己的口径的树洞。

▲ 图 4　在原始林中有些老龄树或枯立木上可以见到许多啄木鸟觅食形成的洞眼

▶ 图5　啄木鸟通常啄遭虫害或树心腐朽的树木。啄木鸟啄出的树洞可以加速树干腐烂和分解，也为树干蛀虫创造了适宜生境

生态学研究表明，树洞是森林生态系统的重要组成部分，在维持森林生态系统物种多样性方面起着重要作用。树洞的密度直接影响了树洞穴居动物的多样性和丰富度，而树洞的高度、洞口的大小、类型和洞口方位也是限制树洞穴居动物丰富度的主要因素，因为不同的树洞穴居动物对树洞特征的需求不同。

来自温带地区的研究表明，降水量大而湿润的森林中树洞数量明显多于干旱森林。阔叶林中的树洞数量要比针叶林多。造成不同森林类型下树洞密度和特征差异的原因可能是多方面的，比如林分树种组成和树木密度、土壤肥力、地形因素和一些随机事件，如火烧、强风等。

长白山是我国生物多样性保护的关键和热点地区。该地区森林植被类型多样，树种组成多样，达 50 多种。大多数乔木都能形成树洞，其中紫椴、大青杨、春榆、水曲柳和蒙古栎等阔叶树容易形成自然树洞，针叶树的树洞一般多是借助动物啄凿形成的。这里大多数树洞是由树枝折断形成的，因而断裂处枝条的直径大小决定了洞口大小。

树洞中上演的生死角逐

大多数穴居动物都要度过一段繁殖、抚育后代和越冬避寒的时期，它们渴望着占有一个舒心的树洞。然而，树洞穴居的动物在享受树洞赋予的安逸生活的同时，也随时面临着捕食者的不请自来，它们的房门被敲开，接下来上演的是惊心动魄的生死角逐。

这是一些动物和一些树洞的故事，也可以说是树洞、穴居动物、捕食者和人类等共同演绎的故事。

◀ 图6　榆树枝杈上多形成天然树洞。常见中华秋沙鸭、鸳鸯及喜洞穴动物们选择这些树洞。朴龙国摄

◀ 图7　中华秋沙鸭。卓永生提供

一个树洞口挂着一片白色的羽毛，在微风中摆动。我们觉察到树洞里一定有鸟，且洞内发生了什么。我小心翼翼地爬到洞口观察，里面的主人是中华秋沙鸭，正在孵卵。中华秋沙鸭一动不动地护着自己的卵，它就在我面前，触手可及，我想要抚摸它一下，可是见到鸭子呼吸急促，眼里充满恐惧的样子，只好放弃了。鸟类有非常强烈的恋巢行为，危险逼近也不轻易离开自己的巢。我们观察了几个中华秋沙鸭树洞巢，捕食者黄喉貂侵吞了巢里的卵，也咬死了雌鸟，强烈的恋巢行为葬送了雌鸟的性命。还有爬行动物棕黑锦蛇，在地面上即可探测到高出地面 10 多米处的洞穴中孵卵的雌鸟热源，它们爬上去赶走成鸟，把 10 多枚孵化中的卵全部吞下。

▲ 图 8　熊冬眠的树根部洞穴

▲ 图 9　东北松嫩平原防护林带以杨树为主，起到防风固沙作用。随着带状树林的形成，啄木鸟等许多林栖动物在这里安家落户。这是啄木鸟啄出的用于营巢繁殖的树洞。在这里我们可以见到许多树干在啄木鸟啄洞处折断的情景。照片的右侧就有由洞形成的断头树

老龄大青杨是森林中最粗大的乔木，地面直径可达2米以上，树高接近30米，树冠幅度可达几十米。大青杨材质松软，侧枝或主干分杈枝易于折断，形成很大的树洞。这些树洞是熊类冬眠的场所，尤其是怀孕的雌熊要选择能够容纳自己体积的树洞，在那里越冬和产崽。树洞内的温度和湿度非常适合越冬，也少有其他动物的骚扰。可是，这些大树洞看起来很安全，其实也危机四伏，主要的危险来自人类。传说过去人们在找到大树洞后，通过树洞口是否附着熊呼吸产生的冻霜来判断洞内是否有熊居住。通常人们说的“抠熊仓”的捕猎方法就是找到有熊居住的洞后，采用从底部用烟熏的方法把熊赶出后打死的。被烟熏到的熊从洞里爬出洞口，露出头部张望时，被猎人用枪击中而掉落下来。甚至还有人把炸药投入洞穴中，直接炸死冬眠的熊。

在东北防护林排列成行的小杨树林里，我们见到许多小径杨树从树干半腰折断的场景。这是啄木鸟营巢导致的。这片杨树平均树高约15米，胸径在20 cm上下。啄木鸟在这些树干中部啄出洞来，用来产卵和抚育后代。小径木被啄出洞穴后，经不起风的力量，纷纷折断。啄木鸟不会改变树洞的营巢环境，它们自己啄出适合它们营巢的树洞，而且还经常换位置，不喜欢用旧巢。所以，啄木鸟一边觅食树干内的虫子，一边到处啄洞，修筑洞穴。啄木鸟是森林中制造树洞的高手，黑啄木鸟尤甚，它的喙强壮而有力，在即将枯朽或遭虫害的树干上觅食，并在树干上啄出许多洞口。它们的杰作为森林鸟类，如大山雀、沼泽山雀、普通䴓、黑头䴓、鸲鹟等提供了理想的繁殖环境。不难看出，啄木鸟在有效控制树木虫害、为其他营树洞动物提供繁殖场所的同时，也影响了树木的生长并加速了树木的死亡和分解。

◀ 图10　黑啄木鸟在枯立木主干上营造树洞繁殖后代。这是成鸟正在喂雏。朴龙国摄

▶ 图 11 三宝鸟。朴龙国摄

洞巢鸟对树洞的利用习性是不同的。三宝鸟主要选择高处的树洞，灰椋鸟喜欢选择黑啄木鸟或白背啄木鸟放弃的洞巢，长尾林鸮和个体较大的雕鸮选择洞口较大的树洞。通常鸟类为了自身安全，选择较高的洞穴作为繁殖家园，而且多数种类有沿用旧巢的习性。我们也发现，有些树洞巢鸟类，如长耳鸮、灰椋鸟、三宝鸟等在树洞巢缺乏时，也利用喜鹊巢或啄木鸟旧巢繁殖。

长白山森林的大量的树洞是由蜜蜂入住的，中华蜜蜂这个濒危种尤其喜欢选择树洞。蜜蜂选择的树洞空间大小不同，其种群数量和蜂蜜产量也不同。一个树洞蜂窝里可以产出几十千克的蜂蜜，因此，蜂窝也成了喜好蜂蜜的动物和人类光顾的目标。

森林动物中不乏爬树的能手。狗獾虽然不擅长爬树，但也能爬上一些倾斜的树，进入树洞越冬或逃避。紫貂和黄喉貂的攀爬能力超强，它们可以在地面上捕食猎物，还可以在树上捕食猎物，也在合适的树洞中繁殖后代。紫貂经常上树捕食松鼠、小飞鼠和鸟类，也光顾树洞，堵截正在哺乳的松鼠或孵卵的鸟。黄喉貂经常在树洞中捕猎产卵孵卵的猫头鹰、中华秋沙鸭、鸳鸯等树洞巢动物。爬行动物蛇类中，棕黑锦蛇最擅长爬树，通过热感应系统准确探测到树洞内的生物并进行捕猎，可以说蛇类是树洞鸟的最大杀手。

我们不难看出，树洞既可能是野生动物的家园，也可能是一些动物的葬身之地。生物界围绕树洞演绎着永恒的自然法则，勾勒着复杂系统的物种之间的相互关系。

渴望树洞的动物

长白山地区利用树洞繁殖或栖息的动物种类丰富，鸟类主要有猫头鹰，啄木鸟，鸭类的中华秋沙鸭和鸳鸯，山雀类的普通䴓、沼泽山雀、煤山雀、褐头山雀等 40 余种；兽类有黄喉貂、紫貂、松鼠、花鼠、小飞鼠、黑熊、棕熊、狗獾、长尾蹶鼠等 10 余种；昆虫类主要有蜜蜂和甲虫类等上百种。树洞因能够为不同动物提供筑巢和繁殖后代的场所而被认为是森林的重要结构。

长白山有些种类的动物是完全依赖于树洞繁殖的，如中华秋沙鸭、鸳鸯、小飞鼠等。这些物种的种群数量与森林中适于繁殖的树洞数量关系密切。但是，以往那些带有树洞的树木因为没有什么经济价值而被人们在进行卫生伐时清理出去。许多布满洞口的树为即将死亡的枯立木，被清除掉做柴火用。如果我们需要更好的方法来保护那些对树洞有着更强依赖性的物种，保留森林中丰富的树洞是十分必要的。

有效保护和丰富地区生物多样性，就是要更好地了解有关树洞的一切。但是，从目前看来，我们针对树洞的研究太少了。当然，进一步的研究需要探讨树洞特征与动

▲ 图 12　长尾林鸮在洞口

▲ 图 13　鹪鹩巢

物利用的直接关系。同时，为维持森林生态系统较高的物种多样性，有必要制定合理的森林保护措施，加强对森林生境异质性的保护，以便满足不同树洞穴居动物的需要。应适度采取设立人工树洞等辅助措施，从而促进生态系统生物多样性的保育。

▲ 图 14　花鼠从洞里出来

▲ 图 15　花鼠喜欢在空心树洞中钻来钻去

▲ 图 16　中华秋沙鸭从树洞巢中飞出

动物与红松的故事

古老的红松离不开动物

红松是像化石一样珍贵而古老的树种，主要分布于温带针阔叶混交林带。该区域物种丰富，是非常宝贵的自然基因库。但是，红松这一物种也面临着自然环境变化的影响和人类干扰，其种群繁衍受到严重影响。从生态学的角度讲，红松种群的种子扩散和个体定植阶段是决定种群繁荣或衰退的重要瓶颈。因此，生物学家对红松更新予以极大的关注。

每年从 5 月份开始红松新芽向空中伸展 20 ～ 40 cm 长，每年一节。红松每年要新添针叶，并丢弃旧的针叶。变色的叶子掉落到落叶层中，为那些还在生长的植物添加肥力。自然环境下红松通常有 80 年以上树龄后才开始开花和结果。5 月中旬是松

▼ 图 1　腐朽的倒木提供了红松种子发芽和幼苗、幼树生长的场所

树花怒放的时刻，金黄色的花粉随风飘浮在空中。授粉后结出的球果经过两个年头后在秋季成熟。

到了红松丰收的季节，成熟的球果开始掉落。松鼠们就开始剥开红松的球果，取出松子到处埋藏。野猪、熊、鼠类和鸟类等动物开始了每年一度的松果大餐。到处可见丢弃的球果核和果皮。近两个月中，经过动物的食用和搬运后，林内红松种子基本上呈 4 个层次分布，即树上、地面上、地被物下和洞穴中。只有地被物下的少数种子能最终逃离动物的取食，有机会从地上冒出下一代红松幼苗。红松的种子比较大且无翅翼，这一结构特点决定了红松的天然更新对动物有近乎绝对

▶图2　红松

的依赖性。

红松种子能够为动物提供高能量的优质食物，所以红松林中的动物多样性相对较高，种类和数量丰富。根据过去长白山东北虎分布情况分析，我们觉得东北虎分布与红松分布有密切的关系。安图县五峰屯一带曾经生存着 10 只左右的东北虎，那里过去山上生长着红松。延吉以北的老爷岭过去有大量的红松，曾有东北虎生存。还有敦化、安图、抚松、靖宇一带也曾是红松茂密的地方，也是东北虎出没的地方。目前，东北虎分布的珲春、汪清和俄罗斯都有红松分布。这似乎暗示着红松的分布对东北虎的生存至关重要。

红松幼树消失之谜

红松幼树死亡或消失的现象是令人费解的，从某种意义上来说，它已预示着红松在局部区域消失的可能。这种现象已成为森林生态学研究中的一个重要问题。

红松幼树是松鼠和一些动物"培育"出来的生命，幼树的成长过程是非常坎坷的。我们留意的话，可以知道红松小生命每时每刻都处在生死关头。

5 月份萌发的直挺而脆弱的红松新芽容易遭到被风吹落的枯枝的毁坏。每年夏季总会有一些新芽枯萎变色而死亡，这可能是松树害虫、真菌、病菌等侵害或感染了新嫩芽和枝干。

严寒时节，雪下活动的鼠类啃断幼苗，初春季节鼠类大量啃食红松树皮。鹿科动物也常在春季吃红松枝叶，秋季公鹿用角摩擦红松树皮。一年四季野猪不停地在地面上拱掘觅食，掘土的过程把当年幼苗或多年生幼树连根掘出而使其枯死，还有野猪经常选择树干粗大处反复摩擦身体而使树死亡。此外，昆虫类也会啃食红松幼苗。

红松幼树喜阴，如环境变化导致强光直射也可损伤红松幼树，低温冻害等自然灾害也可致其死亡。由此可见，红松幼树一直面临着死亡的威胁。红松更新幼树的存活关系到红松林演替的进程。从科学意义上说来，一个物种一旦受到来自自然环境变化的影响或人类的干扰，就存在在局部区域或整个区域完全消失的可能。

红松林天然更新的一个最大之谜是：红松的幼树在远离它们父母的林地中长得特别好。而在原始林里，即使是有适宜的阳光、合适的疏密度的地方，也很少见到幼树。例如，在长白山红松主要分布区，红松幼树在没有红松母树的次生林中、林缘和路旁生长得较好，红松母树下却几乎没有红松幼树。长期以来，人们一直相信红松更新需

▲ 图 3　动物啃食过的红松

▲ 图 4　鹿科动物在角角质化的时候，常选择松科乔木的幼树磨光角上皮毛。这种行为主要发生在松树繁殖期，导致幼树表皮破损，大量的幼树枯死

▲ 图 5　鼠害痕迹

▲ 图 6　鼠害主要发生在雪被开始融化的季节，在鼠类种群大发生年份，鼠类啃食红松树干形成层的危害严重，鼠类选择红松的概率最高，树根部受到鼠类啃食的树多年后都要枯死

▲ 图 7　病害

要满足 4 个基本条件，即充分的种源、水分、土壤和光照。但是，经过长期的研究探明还有某些未知的机制。

红松种子的主要传播者松鼠具有出色的种子搬运能力，可以搬运到几千米远的地方。松鼠进入秋季开始忙于储存大量的种子，储藏地点包括成熟红松林、白桦次生林和林缘等的各个角落。据最近研究表明，松鼠在不同类型生境中埋藏种子的概率是没有明显差异的。

当我们模拟松鼠埋藏种子，观察种子消失情况时发现，原始林下埋藏的种子消失率远高于次生林生境的，而松鼠埋藏的种子消失率在不同生境之间差异不大。我们的观察发现，模拟试验条件下，原始林种子消失率远高于次生林生境的主要原因是不同生境鼠类密度不同，经松鼠口腔处理过的种子很少被鼠类盗食，因此，松鼠埋藏的种子消失率在不同生境之间差异不大。

科学家们从动物活动角度，在长白山进行了红松更新的研究。他们将种子用铁丝网罩上，观察种子消失率，也采用标记红松幼苗方法观察幼苗消失情况。这些实验都证实了动物是危害红松幼苗或幼树的主要因素。我们认为，不同林型动物食物的种类和数量不同，决定动物活动的频率。在原始林有蒙古栎、红松和紫椴生长的地方地上种子丰富，野猪大面积拱地觅食，觅食过程中，把林下幼树、幼苗全部损害了。次生林相对原始林可供动物食用的东西贫乏，所以危害幼树的鼠类密度就低，野猪的干扰少，因此，次生林的红松幼树保留得多一些，而原始红松林下因动物活动频繁使幼树几乎消失。

◀图 8　球果虫害

► 图9　野猪喜欢在红松树干上蹭痒痒，沾满松油的皮毛在夏季可以防蚊虫叮咬。野猪在四季均有这种行为，除了防蚊虫叮咬，还可能是去除身上的寄生虫或标识领地

► 图10　红松幼苗死亡的主要因素有鼠害、鸟害和病虫害。这是鼠类啃断幼苗茎部后的场面

由此看来，林下红松更新幼树是受绝妙的动物行为机制所调控的，这也是人类面临的如何防治动物害的难题。

担忧的由来

我们知道，红松是受威胁的珍稀树种，是国家Ⅱ级重点

◀ 图 11　原始红松林下不见红松幼树

保护野生植物。红松在地球上只分布在中国东北的小兴安岭到长白山一带和俄罗斯、日本、朝鲜的部分区域。然而，近代战争的掠夺、移民开垦、大规模森林采伐使红松的数量和分

▲ 图 12　次生林下红松更新普遍良好，但是已经经历 60 多年的次生林中很难见到即将迈入成年期的红松

布区面积大大减少。

红松正处在或盛或衰的关键时刻，老龄的红松根基部发生腐心，发达的树冠高高在上，常常一场大风就轻易地刮倒或折断主干而结束其一生。大片的采伐迹地因没有几棵红松母树而没有了更新种源，且杂草丛生，灌木密集，没有了红松天然更新的环境。气候变化使大面积红松球果染上病虫害而减产。因病虫害感染和动物的啃食，许多红松幼苗、幼树只生存 20 年左右就大量死亡。人类大量采集种子也使更新种源减少，并且人类在采集球果过程中常常会严重伤害红松的树干和树冠。

红松种子从萌发、长成幼苗、长成幼树到成熟过程中受到自然和人类的严重干扰，令人们对它们的前途产生担忧。尽管可以人工造林，但是红松造林还存在许多适应性问题。普遍存在的问题是幼苗成活率非常低和幼树阶段主干分杈现象，以及幼苗容易受到低温或干旱的影响。红松更新的过程中的各种影响因素一直是红松天然更新研究的主要命题。彻底阐明红松幼树死亡的关键因素和如何提高幼树成活率将是一个重要的课题，它必将对红松保护发挥重要的作用。

▲ 图 13　成熟的红松的树冠一般雄踞于其他树种的树冠之上，很容易遭受风灾。粗大的树干基部空心或空腐，加上宽大的冠幅和浅表性根系，使红松经不起大风的力量而结束一生。红松风倒木在成熟林里常见而且比重大

温带森林哺乳动物的过去、现在和未来

长白山温带森林动物的变化

温带针阔混交林曾经一度覆盖着中国的东北、西伯利亚的沿海、朝鲜半岛的南部和日本的中部。不幸的是在大部分针阔混交林分布地带，上千年的开发农田和砍伐森林等人类活动已经深刻地改变了这里的植被区系和自然面貌。幸运的是1960年，在残余的森林中建立了约20万公顷的长白山自然保护区，使温带典型的红松阔叶林得以完整地保存下来。

这片森林是保存较好的温带森林中的一块，也就是说，只有在长白山自然保护区

▲ 图1 东北刺猬（*Erinaceus amurensis*）属于猬形目猬科，体长15~30 cm，尾长2~4 cm

的原始森林中，才能够看到温带森林原有哺乳动物区系的大体轮廓。如果想了解过去的温带森林中曾存在的动物情况，我们可以由现在还残余的森林中的兽类看到一些线索。

广阔的温带森林只留下了过去开垦和采伐的痕迹，而对于动物的记录寥寥无几，我们很难寻找很久以前动物的信息。唯一可参考的只有中国科学院动物考察组 1958 年撰写的《东北兽类调查报告》了。报告中记录了长白山地区生活在陆地上的哺乳动物有 51 种。这个动物区系与欧亚区系有许多共同点。哺乳动物有食虫类 9 种、蝙蝠类 5 种、食肉类 16 种、有蹄类 6 种、啮齿类 13 种、兔类 2 种。这也许是长白山温带森林原始的动物区系保存下来的大概的轮廓。

长白山哺乳动物为了适应不同环境的需要，具有极大的变化性，所有兽类彼此之间主要是通过营养关系相联系的。而且，每个种群适应不同生境的能力和生活习性差异很大，受环境变化的影响程度也不尽相同。

长白山哺乳动物中，猬形目只有东北刺猬一种，冬天冬眠，主要吃虫类。身上布满保护性的长而尖的棘刺，很少被捕食者捕杀。所以，这个种数量在过去和现在都保持稳定的状态。

▲ 图 2　缺齿鼹的足迹

▲ 图 3　缺齿鼹（*Mogera robusta*）属于鼩形目鼹科，体长 17~22 cm，尾长 2~2.3 cm

针阔混交林中分布的鼩形目动物有 8 种。大鼩鼱是珍稀物种，从过去到现在其数量非常稀少。常见的种类有缺齿鼹、小鼩鼱、大麝鼩和山东小麝鼩，数量最多的种类为中鼩鼱和栗齿鼩鼱。

长白山翼手类的种类也比较多，其中萨氏伏翼栖息于针阔混交林带。在长白山常见的蝙蝠有褐长耳蝠、纳氏鼠耳蝠、大菊头蝠和小夜蝠。这个类群是能够飞翔的哺乳

▲ 图 4　褐长耳蝠

▲ 图 5　褐长耳蝠（*Plecotus auritus*）属于翼手目蝙蝠科，体长 4~4.5 cm，尾长 5 cm 左右

▲ 图 6　伊氏鼠耳蝠

▲ 图 7　伊氏鼠耳蝠（*Myotis ikonnikovi*）属于翼手目蝙蝠科，体长 3.6~5 cm，尾长 3~4 cm。在长白山为比较少见种

▲ 图 8　远东鼠耳蝠

▲ 图 9　远东鼠耳蝠（Myotis bombinus）属于翼手目蝙蝠科，体长 4~5 cm，尾长 3~4.5 cm

▲ 图 10　长尾鼠耳蝠（*Myotis frater*）属于翼手目蝙蝠科，体长 4~5 cm，尾长 3.5~4 cm。喜欢栖息在山洞里

▲ 图 11　大趾鼠耳蝠（*Myotis macrodactylus*）属于翼手目蝙蝠科，体长 4.5 cm 左右，尾长 3~4 cm，比较常见

▲ 图 12　东方蝙蝠（*Vespertilio sinensis*）属于翼手目蝙蝠科，体长 5~7 cm，尾长 4~4.5 cm。主要栖息在房舍中

▲ 图 13　马铁菊头蝠（*Rhinolophus ferrumequinum*）属于翼手目菊头蝠科，体长 5~8 cm，尾长 2.5~4.5 cm，在长白山为常见种

动物，主要在空中捕食昆虫。它们与其他动物在食物方面几乎没有竞争，但也是小型肉食性动物的猎物。在长白山，从低海拔地区到高海拔的山顶，都有蝙蝠活动。

啮齿类是长白山森林中生物量最大的群体。这片森林中最常见的啮齿类有棕背䶄、大林姬鼠、松鼠和花鼠，构成了森林的优势群体。森林中还可以见到小飞鼠、巢鼠、黑线姬鼠、仓鼠和长尾蹶鼠等。也有一些外来种，如麝鼠、小家鼠等，外来啮齿类有明显的周期性数量波动。

长白山分布的鼬科动物基本为温带欧洲和亚洲分布的古北区种。这些动物对生态环境的要求以种类之不同而有很大的变化。有的只能生存于非常特化的生境里，而另外一些则表现出一种幅度很大的适应性。如狗獾由于其杂食性，因此得以遍布于这个区域。黄鼬和伶鼬更喜欢或适应了人类活动的地方，放弃了比较隐蔽的习性，而且已经能栖身于开阔的原野间，与人类居住环境比较密切，只要是存在人类的地方，就有它们的踪影。但是紫貂和黄喉貂仍然严格地局限于森林之内。紫貂、黄喉貂、黄鼬能经得住森林及周边的变化。由于啮齿类及鸟类的存在，几种小型食肉类现仍生活于广大区域。

长白山森林中过去有着丰富的食草类动物，有蹄类的狍子、野猪、马鹿、原麝、梅花鹿和长尾斑羚构成了长白山森林的主要群体。但是，目前野生梅花鹿和长尾斑羚在本区域消失，原麝的数量迅速下降，野猪和狍子维持在相对稳定的状态。

大型的食肉类比起啮齿类和有蹄类更不能适应环境的变化。20 世纪 80 年代前，在长白山针阔混交林中东北虎和远东豹并不算少。到 20 世纪 80 年代中期，在长白山自然保护区及周边就不见东北虎、远东豹的踪影。现能存活下来的猫科动物只有猞猁和豹猫，但数量也不及过去。

大型的棕熊和黑熊虽然食物比较多样，但是经不起人类活动的影响，过去常能见到的黑熊和棕熊，现在只能偶尔见到。它们的生存受到严重的威胁，威胁主要来自栖息地减少、人类捕杀、疾病和基因交流等因素。

犬科动物狼过去在高草地和林缘林地有过几头，但是遭人类捕杀后，再没有狼的信息。至于豺只是文献上记录在长白山森林里有分布，赤狐 20 世纪 80 年代前还是相当普遍的，但以后就逐渐减少，目前可能已在长白山针阔混交林中消失了。

长白山温带针阔混交林哺乳动物的种类和数量在 50 年间发生了极大的变化。许多兽类的种群数量也如这里的环境变化一样，正在不断地发生着与其他地区同样的变化，有些种类在扩张，有些种类在消失，有些种类在侵入。

▶ 图 14　梅花鹿小群

现在，长白山温带针阔混交林中，引入种有北美水貂、银黑狐和麝鼠 3 种。已经消失的种类有东北虎、远东豹、长尾斑羚、梅花鹿、狼、豺 6 种。种群数量明显下降而濒危的种类有原麝、棕熊、黑熊、马鹿、水獭、猞猁、豹猫、赤狐及貉等 9 种。通过后来的调查研究增加记录的有蝙蝠类 10 种。目前，长白山温带森林动物组成区系为啮齿类 12 种、兔类 2 种、食虫类 9 种、蝙蝠类 15 种、食肉类 13 种（其中猫科动物 2 种、犬科动物 2 种、熊科 2 种、鼬科动物 7 种）、有蹄类 4 种，共计 55 种（不包括已消失的种类和后期没有记录到的种类）。

回顾短短 50 年来野生动物的种类和数量的变化，可以看出，对于生境具有很强专一性或食物选择性强的动物数量下降明显；繁殖率高的小型动物数量波动较大；大、中型食肉动物数量下降突出，而经济价值较大的动物易于区域性消失。

长白山温带森林动物的未来

从长白山温带针阔混交林 50 多年的历程中，我们看到了其变化是如此之大，特别是哺乳动物在适应不同环境变化的过程中数量和种类都发生了深刻的变化。变化是必然的，也是生命延续的规律。那么，未来这块动物区系将如何变化并延续下去呢？

这是我们需要关注的问题。

在长白山原始森林中顶级捕食者缺失的情况下，有蹄类能够繁衍昌盛吗？自然是可以的。但是有些种类，如梅花鹿、长尾斑羚是需要人为辅助的迁地保护措施的。原麝和马鹿需要就地保护，也可以用人工饲养加放归自然的方法增加种群数量。

未来有蹄类数量能否恢复到原来的状况，关系到原有的东北虎、远东豹的自然回归或人工放生的可能性。让虎和豹重新回到它们曾经生活过的故乡，重新整合原来的动物区系结构，这是我们希望看到的结果。

有些侵入种，如北美水貂可能会对土著种水獭构成威胁，主要体现在食物竞争和栖息地竞争方面。它们与本地种之间的生存竞争对于后者的继续存在是一个莫大的威胁。更值得关注的是人类放生动物活动对野生动物的影响。许多证据表明，人工圈养的有蹄类动物，如梅花鹿和马鹿不经过严格的检疫程序即被放归森林，这会导致疾病在其他野生动物之间传播。研究表明，野生有蹄类最容易感染来自家养动物携带的病菌，且有大量个体因此死亡。近几年入侵和人为放生活动在长白山地区非常盛行，是需要被严格控制的重要事情。

虽然我们对于哺乳动物的悠久历史和变化过程了解甚少，但这里必须着重提出几种因素的重要性。

第一，栖息地丧失或栖息地破碎化对大多数动物的生活产生了重要影响，如生态要求非常特殊的水陆两栖型动物水獭对水体鱼类丰富度的依赖性很大。

第二，对于将来哺乳动物的分布及数量消长，具有很大的决定性作用的因素是人类的干预，如林地开发、土地利用、捕杀、化学污染等。

第三，入侵种问题。随着全球贸易和旅游业的不断扩大，增加了保护区引入新的外来生物的危险。当外来物种被带入新的生态系统时，由于不存在天敌，这些物种可能大量繁殖，造成大规模的破坏，直接影响到该区域的动物和人类的健康。

第四，面对气候的不断变化，野生动物栖息地管理面临着诸多的挑战。许多研究表明，未来气候变化对陆地动物栖息地构成的危险最大的地区往往与主要生物群落的变迁有关。

未来，长白山温带针阔混交林哺乳动物的命运将如何是难以预测的。但是，野生动物是有自己的适应能力和恢复能力的。只要人类为它们的生存考虑，就会有新的健康的野生动物群体形成，并为人类的生存环境服务。

寻找野生动物踪迹的岁月（跋）

寻找的历程

我在森林里观察动物是从 1977 年开始的。从那时起观察动物成了我的职业，我也喜欢上了森林里的鸟类和兽类。我经常带着一副望远镜和一支双筒猎枪在森林中寻找动物。鸟类是我最初观察的目标，它们比较容易看到，而且大多数种类还容易识别。鸟类的羽毛、形态、飞翔姿势、动听的鸣叫声等极富多样性，我很快熟悉了温带森林分布的留鸟、繁殖鸟、冬候鸟和旅鸟。但有一些鸟种很难辨，须把它们抓到手上才能正确识别。所以，在没有其他记录手段的年代，难免要猎取一些鸟类。采集来的鸟，我会亲自制作标本，有时还手绘鸟类生物画，这个过程也加深了我对每个种形态特征的记忆。

我开始从事动物生态学研究工作是在 1980 年。我有机会参与了中国人与生物圈国家委员会资助的“长白山自然保护区珍稀濒危动物种类及保护途径”研究项目，其任务是调查长白山珍稀濒危动物种类及数量的现状。那时观察动物数量的方法是在有雪被的条件下，在不同的生境中走 3 ~ 5 千米的直线距离，记录在路线上看到的动物实体和动物足迹、卧迹、粪便等痕迹数。

虽然那个时候动物很多，有时偶尔能看到松鼠、狍子、野猪、马鹿和啮齿类的小鼠，但不是经常能见到活生生的个体。在我们的调查路线上，更多出现的是各式各样的足迹、粪便、卧迹、食痕、脱落的毛或骨头等动物痕迹。无论看到哪种野生动物留下的痕迹，我们都会非常高兴，至少感到有动物的信息。我们知道，有些种类在长白山森林中是相当多的，但大多数种类喜欢夜间、清晨或黄昏时刻出来活动，是夜行性动物，它们偶尔在白天出来活动。的确，见到它们是非常困难又令人激动的事。

在荒野如此难以见到野生动物的情况下，我基本按照动物在雪白的地面上留下的各种痕迹记录这里出现了哪些动物、数量有多少。痕迹成了调查动物的重要依据。随着我在野外见到痕迹数量的增多，我积累了丰富的经验，可以从各种痕迹准确地判读动物的活动时间、行为和目的等含义，可以讲述有趣的动物故事。

我从事野生动物观察和研究已有 40 多年了，在这片森林里一直执着地和动物打交道。可以说，我在这里观察和描绘动物的历程就是见证动物变化的过程，我目睹了这片森林中动物的兴衰。

跟踪野生动物的艺术

对于探索野生动物的奥秘来说，足迹是非常美丽和有意义的东西。它们讲述了动物生活的一部分。跟踪足迹适合所有初学者和专家、年轻人和老年人。解读足迹的乐趣在于解开野生动物在大自然中用足迹写下的谜团。

解读动物留下的足迹和各种痕迹的生态意义需要有强烈的兴趣和长期的观察。在以往调查和观察动物时，与我相伴的是野外记录本，也许它已变成我最重要的一件东西。此外，必不可少的是尺子和笔。记录可以增加对痕迹的记忆，也可以与他人分享，把每次见到的足迹、痕迹详细地记录下来是进行野外动物研究的一项基本功。记录通常以书面笔记、手绘草图或照片的形式进行。笔记可以唤起记忆，并有助于更好地记忆知识。写好笔记既是一门艺术，也是一门科学。通过现场笔记可以帮助自己回忆或向别人展示那些罕见和不寻常的事件，尤其是细节的东西。

当我们走进森林时，可以看到许许多多动物留下的痕迹。这些痕迹包括粪便、尿迹、足迹、卧迹、食痕、巢穴、刮痕、爪痕及动物身体的附属物，如毛、角、骨头等。这些痕迹为我们识别物种提供了丰富的信息，就如同猿人脚印的化石，恐龙的脚印、骨头化石等很久以前留下的痕迹一样，它们对于科学家研究生命的起源、进化至关重要。

我在长期野外观察动物的过程中，对动物粪便有了科学的认知。粪便通常能帮助我们识别这是什么动物留下的、它吃的是什么。粪便的形状可以帮助我们判断动物的群体，如东北兔的粪便是扁平圆形的，呈棕色或浅褐色，大小在 1.5 cm 以内，一般边走边排泄；高山鼠兔的粪便稍扁平，大小在 0.6 cm 以下，集中排在岩石上或洞口；狍子的粪便像胶囊药丸，长 1 ~ 2 cm，粗 1 cm 以下，呈黑色或棕褐色，成堆排泄；马鹿的粪便呈长圆柱形，两头较钝，长 2 ~ 2.5 cm，粗 1 ~ 1.5 cm，颜色一般为黑色或棕褐色；原麝的粪便大小像黄豆粒，近圆形，在比较固定的地方排泄；松鼠的粪便是细而长条状的黑色粪便，长 3 cm 左右，排泄在倒木上或树干上；小飞鼠的粪便多为长圆形球体，集中排泄在树根部或洞穴中；鼠科动物的粪便一般为长圆形球体，在吃食物的地方排泄；鼩鼱类的粪便与鼠类的粪便相似；较大的棕熊和黑熊的粪便很像家猪或狗的粪便，但熊类排泄的粪便量大，而且粪便中常可见动物毛或骨头等。

然而，仅靠粪便并不能识别所有的动物，有些种类的动物排出的粪便很类似，尤其是同一科、属的食肉动物的粪便很难区分。比如，鼬科的黄鼬、紫貂和黄喉貂的粪便从形状和颜色上看非常相似，尤其是吃了肉类后排出的粪便。犬科的狐狸、狼、貉的粪便基本相似，猫科动物的粪便也是如此。但是，粪便的大小在同科种类之间因个体大小的差别而能提供一个辨别的机会。我们知道，一个物种的单个成员都会产生粪便粗细的变化。例如，狐狸的粪便粗细为 0.8 ~ 2 cm，狼的粪便粗细为 1.3 ~ 3.3 cm。所以，我们在判断粪便属于何种动物时，既要考虑动物个体的大小，又要考虑粪便的尺寸和量。

典型的狗的屎头是锥形的，而熊的屎头是钝的。猫也会产生末端钝的粗粪便，但它们往往会被压缩，甚至断裂成短段。鼬科动物的粪便通常是细长的，有时缠绕叠加在一起。一般来说，鸟类会产生长而细的线状排泄物或没有固定形状的半液体白色含氮排泄物。爬行动物和两栖动物可以产生细长的小球体粪便或细长的绳索样粪便。只在鸟类、爬行动物和两栖动物的粪便中有白色含氮的尿液沉积物，将它们与哺乳动物的粪便区分开。

每种哺乳动物的足印在形态上是不一样的，脚印是我们识别哺乳动物种类的最常用的依据。观察它们的脚印将有助于足迹识别和解释足迹。在进化的过程中，大多数动物的脚拇指变得越来越小，甚至完全消失了。

哺乳动物的足印，在浅雪、深雪、硬地、泥地或沙地等不同环境下会产生一系列轮廓的变化。一只动物可能会留下许多大小不同的脚印，这取决于地面质地、坡度和它移动的速度，但每一个脚印都只有一个最小的轮廓，是唯一不变的尺寸。

在长白山大多数哺乳动物中，雄性通常比雌性大很多，所以通过足印大小的差异可以判断性别。性别的识别在动物研究中非常重要。

鹿类动物，如狍子通常 4 只脚同时腾空和着地，这种步态可增加其在空中环顾四周的时间。

哺乳动物通过侧身增加周边视觉范围，可以看到是什么在追赶它，判断需要逃到哪里。掠食者通过侧身，可以看到它在追逐什么，以及其他掠食者在哪里。侧小跑和侧快跑经常被犬科动物使用。

动物的体形也反映在它的步态模式上。例如，当哺乳动物以正常的步态行走时，步幅是从臀部到肩关节距离的 1.1 ~ 1.25 倍。利用这种相对的关系，我们可以从走路的步幅来判断动物身体的大小。从臀部到肩膀的距离，估算出超过肩关节的头部长度和超过髋关节的臀部长度，从而得到动物身体总长度的估计值。

速度也会改变步态模式。随着速度的增加，后脚印落在前脚印前。当动物减速到后脚印在前脚印的后面时，它可能在跟踪什么东西。

步幅是从一只脚接触地面的点到同一只脚的同一部位再次接触地面的点的距离。步幅表示行走动物的大小，也表示其步态的相对速度。

留心观察的话，可以发现许多动物的食痕各有不同的细微的特点。比如，冬季狍子和马鹿都啃食树的嫩枝，我们可以通过啃食的树的嫩枝部位的高度和咬断枝条后留下的牙痕宽度来判断是哪一种。通常马鹿取食高度和咬痕宽度要大于狍子。我经常通过观察食痕来判断一个地方是否有马鹿分布。如果被啃食的枝条多，说明这里适合有蹄类活动，数量也多。

接近动物的方法

在大自然中近距离接近野生动物、观察动物行为并拍出清晰的图像是一种非常好的方法。在观察和拍照过程中可以了解动物的活动规律，可以捕捉到文字难以描述的细节。

每年，我的很大一部分时间都用在跟踪这些动物上。这是一项花费时间、物力和资金的研究。不管刮风、下雨、下雪，我都整日守候在动物经常出没的地方。

自从对花尾榛鸡产生兴趣，我便用自制的哨子模仿花尾榛鸡的鸣叫声来吸引它们。哨子是用两片长方形薄铁皮做成的。哨子发出的声音几乎与花尾榛鸡的声音没有两样，非常逼真。有一次，我通过模仿花尾榛鸡鸣声来扮演一个入侵者。我把相机支好，有节奏地吹哨，等待花尾榛鸡一步步靠近我。几分钟后，陆续有 4 只花尾榛鸡向我靠拢。因是繁殖期，花尾榛鸡有强烈的领域行为。如果一个个体侵入它们的繁殖领地，它们会有剧烈的反应，向入侵者进攻，驱赶入侵者。

花尾榛鸡判断了我的位置，从 20 米开外的地面上或树上飞过来，落在离我不远的树杈上。为了看清入侵者的声音是从哪里来的，它们从树杈的中部慢慢走上更高的位置。确定入侵者的大致位置后，它们展翅扑过来，落到离我 10 ~ 20 米的地方，开始转圈寻找入侵者。它们走走停停，时而伸长脖子抬头观望一下，时而发出一种特别的咕咕声，声音很低。后来，我也模仿这种节奏的声音。当我发出这个声音时，花尾榛鸡突然兴奋起来，向前伸出脖子，半展开翅膀，冲着我快速走来。扑到距我 2 ~ 3 米处后，它们发现入侵者是人，便迅速离开了，飞出 50 米左右。过了一会儿，我继续吹哨，它们又重复上次的动作向我靠近。多次上当后，它们终于不再理我了。

通过吹哨引诱的方法，可以接近花尾榛鸡，只要自己隐蔽得好，它们可以来到距我们 1 米左右的地方。和花尾榛鸡对话是非常有意思的事情，不仅能拍到精彩的图片、视频，还能享受自然界动物的尽情表演，观察它们不可思议的行为。

我也通过吹哨引来了长尾林鸮，它甚至以为我是猎物，不知从何处突然出现在我面前，差一点儿扑到我的头上。还有紫貂、普通鵟等捕食花尾榛鸡的动物，听到哨声也出现在我跟前。

实际上，自古以来人们就有通过发声器来招引动物的方法，如用桦树皮制作的鹿哨诱捕狍子和鹿。近代采用播放鸟鸣录音的方法引来鸟类，进行种类识别和数量统计。

观察森林里的啮齿类动物时，最好的办法是带一些有香味的花生酱或饼干之类的东西，在鼠类喜欢出没的倒木附近投放些食物，在那里静静地等待一会儿，就会有鼠类出现。只要保持安静和不移动身体，小老鼠就会很自然地在那里进行觅食活动。但是嗅觉发达的动物就不会上当，只要距离稍远些还是可以接近观察的。相机的快门声会惊动小老鼠，快门发声时老鼠的耳朵一动一动的。

计算动物的种群密度，需要一个很重要的数据，就是某个动物一天的活动范围是多少。实际上，痕迹调查记录的只是这里有什么动物、痕迹出现的频率，这些数据无法计算种群密度。如果加一个动物活动范围的系数，就可以解决密度计算问题。近几年来，在观察动物痕迹的时候，开始用 GPS 定位仪跟踪动物足迹。手持 GPS，拿着一本记录表，跟着动物的最新足迹，用脚丈量它们的活动距离。在跟踪过程中可以采集大量信息，动物移动中的所有行为清晰可见。最后把跟踪轨迹保存下来，展现在图上，可以看到动物的活动距离和活动轨迹的形状。人徒步跟踪动物方法的好处是可以看到动物在移动过程中的所作所为，而采用 GPS 装置佩戴在动物身上的方法，只能反映这个动物的活动轨迹，对其做了什么就不得而知了。

随着科学技术的发展，红外相机技术已广泛应用在这个领域。红外相机通过热感应触发相机快门，让动物为自己拍照。这种方法在对动物干扰相对少的情况下，悄悄地进行着动物的记录。近几年，我大量使用红外相机，监测记录了许多我们在野外难以捕捉或不可思议的信息，借助红外相机也改变了科学家以往对一些动物生态行为的看法，丰富和更新了野生动物的生态学知识。

森林里充满了危险

1978年是我参加工作的第二个年头，我头一次与科研组外出进行动物调查。头道至大羊岔的道路是伪满时期开出的牛车道。这里曾经进行过林木采伐，沿着道路两侧，近200米范围内的树木全被砍伐了（即“皆伐”）。日伪时期的统治者为了防止东北游击队伏击而伐木，同时也为了掠夺森林资源而伐木。现在，皆伐后的林地已由先锋树种白桦和山杨替代，成了白桦次生林（次生林即通过采伐或其他自然因素破坏后，自然恢复的森林）。

这条小路的路面宽不到3米，路旁树木以柳树为主，路面上长满了莎草，还可见牛车轧出的两个很深的车轱辘痕迹。我们沿着这条小路走了2个小时，到达了大羊岔小木房子。小房子是用于在大羊岔种地的人休息、住宿的，非常简陋。一扇门、两扇窗户、两个相对的土炕，中间是1米多宽的廊道。烟筒是用枯立的空心整木做成的。小房子南面20米处有条小河，宽不足5米。这条小河流向头道白河，在距这里不到2千米处与头道白河汇合，形似羊角，所以当地人称其为羊岔河。根据河流的名称，把这里的山称为“大羊岔”。这座山实际并不大，海拔935米，山体呈圆形，范围明显，方圆也就是10千米左右。山的东南侧有头道白河环山脚流淌，到北侧后河流向北流向松花江。

小木房已经很长时间没有人住过了，铁锅已锈成棕褐色。灶坑边还有一些过去没有用完的干柴，有点食盐、酱油、火柴、碗、筷子等。

晴朗的天气转眼变了，下起了小雨。我们放下背包，洗洗脸，擦擦汗，钻进了昏暗的屋子里。不知是谁先在屋顶棚上发现一条蛇，细细一看还有不少，有乌黑带黄斑横条的棕黑锦蛇、细长的白条锦蛇。在墙角炕边有一条极北蝰蛇在缓慢蠕动，不一会儿就钻进了土洞里。深秋了，外边的气温开始变低，这些爬行类动物开始寻找越冬地准备冬眠了。这个小木屋是非常好的越冬地，看来附近的蛇可能都集中在这里了。

棕黑锦蛇是体形较大的无毒蛇，在我国东北和朝鲜可以见到它。其体长约1.6米，体背呈棕黑色，以黑色为主，鳞片闪光；栖息在林缘、草丛或乡间房舍中，捕食鼠类、鸟类和两栖类等。卵生，7—8月产卵，每次产卵12 ~ 21枚，孵化期长达一个多月。棕黑锦蛇善于游泳和爬树，它经常爬高食树洞内的鸟卵。棕黑锦蛇虽然比较常见，但数量少。

极北蝰是剧毒蛇，头呈三角形，体粗短，尾短，上颌骨有管状毒牙。体背呈蓝灰色，背脊有锯齿状黑色斑纹，体长约60厘米。在我国仅分布在新疆北部和长白山。在国外见于俄罗斯、瑞典、芬兰、朝鲜、蒙古国。向北分布可达北极圈内北纬70度的地方。这种蛇生活在比较干燥的森林中，以各种鼠类、鸟类、两栖爬行动物和昆虫为食。卵胎生，年产一次，交配期在6—10月，可产6 ~ 20条幼蛇。冬季常数十条蛇聚集在一起冬眠。这种蛇活动比较隐蔽，在野外很难看到，其数量稀少。

在长白山森林分布的蛇类有12种，最常见的有白条锦蛇、蝮蛇和棕黑锦蛇，有毒的蛇只有3种，其他蛇无毒或微毒。观察动物时，蛇是最常遇见的动物了。我们经常与蛇接触，实际上，我们的脚下、头上、身边都会有蛇活动，只不过好多蛇没有看到罢了。

如果突然看到脚下的蛇，人们都有吓一跳、心怦怦跳等惊恐的生理反应。如果一个人对蛇特别敏感的话，当他走在森林中时，总是处于紧张的状态，所以比其他人就要付出更多的精力。我因为接触多了，对蛇不是很害怕，但还是得小心。每当爬石砬子或坡地的时候，对于手要触摸的地方，要细心观察是否有蛇在那里盘着。倒木上经常有蛇盘着。夜间观察动物的时候要格外小心，夜间蛇类活动频繁，进行在地上捡东西等活动时，很容易被蛇咬伤。

除了遭遇毒蛇，在野外考察中还会遇到其他一些意想不到的危险。

人们常说“上山容易下山难”，相信大家在爬山活动中都深有体会。不过我要说的是，上树容易下树难。那是我年轻的时候，为了观察鸳鸯巢孵卵的情况，我只用一根长3米左右的细绳，爬上了一棵基部直径约1.5米、高30多米的大青杨。鸳鸯在距地面20米的树洞里筑巢产卵。大青杨的树皮粗糙，不牢固，容易脱落。我好不容易爬上去了，观察了卵的情况后，便往下爬。下来的时候被一个大树杈给难住了。在距地面10多米的树干处，用手臂也是搂不过来的，还得借助细绳来兜住树干。可是到了树杈处就是无法松开手，大树杈的位置就像隆起的大关节，比主干还要粗，双臂搂不过来，很难松开一只手，把绳索穿到树杈下面。我在这里挣扎了很久，很快就要筋疲力尽了。就在绝望的时候，感觉到有一股很强的风吹过来，吹得我的身子紧贴了树干。我借此力迅速松开了右手，躲过了大树杈，身体开始下滑。我把全身力气集中在了手指上和腿上，紧紧扣住树皮，就这样从距地面10多米处一直滑落到地面。我的手指、手臂都磨破了。这是一次非常危险的经历。

野外考察工作时时都会有险情发生。冬季即将结束的时候，森林的沟谷里常形成返水结冰的冰湖。如果下一场薄雪覆盖在上面，人要在上面走就要格外小心。我有一次难忘的经历，是为了走捷径，踏上了冰湖。开始比较平坦的地方很好走，可是走到有斜坡的地方，一打滑脚下就控制不住了，我本能地坐在冰上一溜往下滑，速度越来越快；我看到正前方有一个露出冰面的石头，就用两只脚蹬石头停了下来，这一下整整滑下10多米的距离。要是继续滑下去的话，下面是3米多高落差的石头堆，其结果就不得而知了。

在森林里迷路也是常事，尤其是在还没有普及使用GPS导航工具的年代。我有过几次难忘的迷路经历。那个时候，进山调查时，忘了带指南针是常事。那天早晨天气晴朗，我和我的同事3人进入了长白山自然保护区，走了10多千米的路程，已经是下午2点了。天空开始阴了，太阳躲进云里。森林里没有了光线，昏暗了许多，我们开始凭感觉往回返。可是走了一段后发现我们又回到了开始返回时的地方，这时我们意识到迷路了。看四面哪儿都像回家的方向，我们3人各持己见，争论一番，最后确定了一个方向；走了一会儿，还是在这里转圈。

这时森林里又暗了许多，我们开始变得焦躁不安，走得也累了。如果是晴天，有太阳的话，是很容易出来的。一般进山的时候，如果上午背着太阳走进去，那么下午返回时，也背着太阳走就可以了。但是，没有太阳了，特别在没有起伏的平缓地势下，阴天的确很难辨别方向。

当人处在紧张状态的时候，很容易意识混乱。我们需要静下来，想个方法。我想起了有经验的跑山人说的话：阴天判断不了东西南北的时候，看看树根部的苔藓和落叶松的树头；树根部朝北的苔藓比朝南的长得多，而落叶松树梢几乎朝东南弯曲。我们3人开始查树根部苔藓多的方向，还查了落叶松弯头的方向。综合这些信息后，我们确定了一个方向，最后走出了森林。

迷路的感觉是紧张、失去信心、拿不定主意、惊恐等。迷路的人很容易累死。最常见的是人迷路后，在那里转圈，就是走不出那个圈，最后筋疲力尽。如果是寒冷的冬天，很容易冻死。还有迷路的人就快要找到回家的路了，可是听到了汽车声或其他人类发出的敲打声，他往往做出向相反的方向走的判断。为什么呢？因为过于紧张，还有森林里有回声效应，他听到的是回声，所以往往选择了森林回声的方向，这样越走越远离了回家的路。

我在森林里经历了几次迷路后，逐渐积累了经验。那就是你首先要熟悉那里的地形地貌，了解河流的分布和流向、那里的植被类型等，当阴天或夜晚感觉方向模糊的时候，静下心来冷静地思考，然后确定正确的路线，一直走下去就是目的地。

有趣的奇遇

奔波在大森林中，是不会没有奇遇的。这些偶然看到的事情使我对野生动物的本能有了更深的感叹和赞美。那是 4 月上旬的一个晴朗的星期天，我满怀着在河边拍到精彩的野鸭镜头的希望来到了头道白河，在河边用树枝木棍搭建了简陋的隐蔽棚，一动不动地等待鸳鸯、中华秋沙鸭靠近。那个时候拍照用的是胶片，为了节省，每拍一张都得考虑效果，不能随心所欲地按动快门。我在远处看着鸭子们戏耍、潜水、休息……

太阳已经升高了，一阵阵微风吹来，空气中流动着温暖的气流。我蹲守的地方正是石砬子边，身后是宽 3 米左右的河岸小斜坡草地，接着是高约两米的几乎与地面垂直的石壁，石壁上方是石头堆积的河岸山坡。河边很静，我听到河岸边枯枝落叶堆积的地方有东西在蹦跳的声音。随后，我看到了个头较大的带棕褐色的雌性中国林蛙向岸边移动。接着又有一只雌性林蛙上岸了，一会工夫陆续上来了许多只。它们都集中在我身后的石壁边，有的试着往上爬，有的爬到一米多高的地方，有的掉落下来，重新开始爬。

我时而看看身后那些被石壁阻挡而不能前往繁殖地的林蛙，还得关注河里的水鸭子。突然，上游水面激起波浪，一股风从河面上正对着我扑过来，掀起了树叶，消失在那些林蛙停留的石壁上。一阵强风后，那些林蛙一个也不见了。它们去哪里了？我认真地寻找，奇怪的是一个也没有找到。太神奇了，原来林蛙在那里等待大风吹来，借助风的力量，它们跳过了石崖，去了繁殖地。通过这次奇遇，我对野生动物有了新的认识，它们是自然界具有非凡能力的精灵。

还有一次奇遇发生在冬天雪后的一天，林下雪不深。几百米远的地方有一群野猪正在蒙古栎树下取食，我以树干为隐蔽物，从这棵树旁到另一棵树旁，慢慢接近它们。接近到能够看到野猪的眼睛了，就在我要稳住屏气拍照的时候，一只讨厌的松鸦发出奇怪的叫声，从不远处的地上飞到我跟前，落到树上，看着我又叫了起来。这群野猪听到松鸦的惊叫声，一个个抬起头朝我看了一眼，马上就逃离了。原来松鸦在给野猪站岗，有危险临近时，松鸦就会报警。松鸦在野猪拱地的地方觅食，它们在野猪翻过的裸露的地方可以吃到一些种子、土壤中越冬的昆虫等。尤其是在雪被很深的时候，松鸦常借助野猪的觅食活动获得收益。由此可见，它们之间存在着有趣的互利关系。

我在观察动物的时候遇到很多奇怪的现象，如鸟类争夺幼鸟的寄养的现象、鼠类大军大规模迁徙的现象、野猪集体大死亡的现象、蛇的聚集现象、许多动物的假死现象等，这些奇特现象的背后都有动物自己的故事，需要我们细心去发现。